楽しい AI体験から始める 機械学習

算数・数学をやらせてみたら

著 Kay, Mr.φ

chapter 1

chapter 2

chapter 3

技術評論社

まえがき

AIについて色々と勉強してみたけど、理論編は難しくて、自分で何か作れる気がしない人がほとんどではないでしょうか？
本書はそのような人に向けて書いています。AIの理論は一切語りません。

- **NNCという無料ソフトを使った、特別な知識を必要としないAIの作成術**
- **AIに数学を学ばせるという数学講師独特のアプローチ**
- **実験を楽しんで理解するためのシミュレーションの導入**

が売りです。
本書は理論よりも、AI作りに不可欠な「課題を推測問題に変換する力」を重視していることが特徴です。このセンスが無いと、使えるAIは作れませんし、AIを使うこともできません！
「AIに仕事を奪われる」という考え方はもう古くて、人間とAIが協力する「拡張知能」にシフトしていきつつあります。AIと協調しAIを使える人が新しい時代を切り開くのです。
そのためには、AIの性質（理論ではない）を知り、得手不得手を知り、AIがやりやすい予測形式を知り、……ということが必要です。
そういったことを実践してみました。
我々の体験を共有することで、読者の皆さんのAI人生を豊かにしてもらいたいと思っています。

まえがきのまえがきはこれくらいにし、AIの現状を少し詳しく書いていきましょう。

AIはブームであるというだけでなく、強力で大きな可能性に満ち、これを使わない企業や学校等は極めて不利な状況に追い込まれかねません。
そして、それは決して遠い先の話ではなく、もう、その段階に入っていると考えられるのです。
だからこそ、AI、機械学習、ディープラーニングの新刊の書籍が毎日のように出版されるのですが、それらを見ていて思うのは、それらがあまりに難しいことです。
そのため、いまだ、AIは特別な人のものであるという観念から、一般の人々がAIに対して消極的であるのは、実に勿体ないことだと思います。

コピー機だって昔は大変に高価なものものしい装置で、普通の人はなかなか触れませんでしたし、やがて安価になって普及してきても、コピー機やその他の事務用機器は「OA（オフィスオートメーション）」という御大層な名前で呼ばれ、おじさん達は怖がってそれらの使用を若い女性に押し付けた結果、当然ながらそれらの機械を楽々使いこなすことになった彼女達に見下されました。
さらに、ワープロ、パソコンが登場しても、長い間、中年を過ぎた男性達は頑なに使用を拒否しました。
しかし、今ではわかり切っていますが、コピー機はもちろん、パソコンも、とっかかりに少し手間取るだけの簡単なもので、今では使えない人はいません。
しかし、今でも、同じことが家庭で行われています。
例えば、家の洗濯機や電子レンジはどうでしょう？　世の中のお父様方はちゃんと使いこなせていますか？　奥さんがすごいから使えるのではなく、旦那が使おうとしないだけではないでしょうか？
やってみれば、取扱説明書など読まなくても、何となく使えてしまいますよね。
今のAIも、全くその程度のものなのです。

ところが、AIの書籍を見ると、「ディープラーニングを活用するには、線形代数や偏微分などの数学の知識が必要で、プログラミングが出来、GPU（Graphics Processing Unit；画像処理用演算プロセッサ）等にも詳しくないといけない」などと意味不明なことが書かれています。
自動車の運転をするのに、エンジンの構造（バルブ数やカムシャフトの形）や熱力学を知る必要はありません。自動車の黎明期は、そんな言い分（メカニズムの知識が必要）も、ある程度道理に適っていましたが、今、そんなことを言う人はいません。
AIもそれと同じように、既にありふれたものなのだと思います。
AIを使うのに、数学もプログラミングも必要ありませんし、ますます必要なくなります（知っている方が良いことも、もちろん、たくさんあります）。
しかし、どうしてもITは特別視され、難しく言われます。それは昔、プログラミングをするには、「CPUやメモリの構造を知り、マシン語（アセンブリ語）が解らないと、しっかりしたプログラムを作れない」と言われたことを繰り返しているのです。

今は、機械学習やディープラーニングはプログラミング言語Python（パイソン）でプログラミングするのが常識のように言われます。その常識に従い、Pythonを覚えて、その後に機械学習やディープラーニングを理解して、それらを使うとなると……「そんなの自分には出来ない」となってしまいます。
確かに、少し前までは、その方法しかなかったのですが、AIが本当に重要なら、いつまでもそんな状況が続くはずがありません。

今や、AIは、コピー機や電子レンジのように、誰でも便利に使うべきものなので、その使い方もますます簡単になっていっています。今や、自動車の運転の方がAIより難しい面もあるかもしれません。
私（Kay）も、PCより自動車の運転の習得が難しいと感じたクチです。
免許すらもっていないもう1人の著者にとっては、AIの方が100倍簡単です。
運転をマスターするには教習所で数十万円もかかるほど難しいのですが、AIならほぼ無料です。 まずは、この本と無料ソフトのNNCだけで十分です。

けれども、AIを使うには、（全然難しくはないですが、知るきっかけがない）基本的な取り組み方を知らなくてはなりません。
これは、電子レンジを初めて使う時、1人では難しいのですが、それを使い慣れた人が横にいると安心なのと同じです。
そして、我々は、（電子レンジの基本原理である）マイクロ波の科学を語るのではなく、簡単にレンジでチン出来る方法を、AIについて説明しようと思います。それでどんな料理を作るかはあなた次第です。

本書で使うのは、ソニーが開発し、ソニーネットワークコミュニケーションズが提供するNeural Network Console（以下NNC）です。
実際に使いながら本書を読んでもらえると効果的です。
［ソニー　NNC］を検索して、インストールしてみてください。
インストール方法や基本操作に関してはソニーのNNC添付マニュアルを見ていただきたいと思います。また、このインストール方法等に関しましては、

『はじめての「SonyNNC」』柴田良一（I・O BOOKS, 2019）

という本がとても丁寧に分かり易く書かれていますので、ご紹介したいと思います。
本書では、学習・検証用のデータの作り方、AIの枠組みの作り方、データの読み込ませ方、得られたものの見方、最適な枠組みを探す方法などを詳しく説明します。

本書で掲載しているプログラムのサンプルファイルを以下で公開しています。

https://gihyo.jp/book/2020/978-4-297-11276-9

ダウンロード後、解凍してご利用ください。

著者プロフィール

■ **Kay（ケイ）**
企業システムや業務パッケージソフトを開発するシステムエンジニア。
総アクセス数 2700 万超のブログ「IT スペシャリストが語る芸術」を運営するブロガー。
初音ミクファン。

■ **Mr. ø（ミスターファイ）**
某有名塾のトップ講師、雑誌掲載・著書も多数。
空集合 ø を名乗るのは、
「すべての人の数学力を伸ばすために、みんなの部分集合になりたい」という思いから。
古美術の熱烈な愛好家。

プログラマーと数学講師が出会い、AI を通じて意気投合しました。
お互いの AI 観をぶつけ合いながら得られた知見をまとめていきます。
AI に関わるプログラミング・数学の専門的な話には一切踏み込みません！
本当の姿を知ってもらうために、しょうもないことも含め、いろんなことを AI にやらせています。 主に数学に関係する内容です。
AI を作り始めた頃の失敗談やそこから学べることも、すべて公開します。
また、実際に AI に「判断」の助けを求めるとどうなるか、など実用的な部分も包み隠さず出していきます。
AI に数学をやらせると、論理で判断する人間と、実験結果からの類推で判断する AI の違いがハッキリと見えてきます。
AI に数学を教えるには、大量のシミュレーション結果が必要になります。そのためには Excel VBA が有効でした。本気で「AI 数学」をやるには必要になってくると考え、使用したプログラムの多くを掲載しています。ただし、VBA が必須という訳でもありませんので、興味のない人はスルーしてください。
また、ほとんどの VBA プログラムをウェブ上でも公開していますので、合わせてお楽しみください（あとがきを参照）。

自分専用の AI を自分で作ることがスタンダードになる未来は、もうすぐそこです。
パソコンが使える人なら、誰でもできるはずです。
それがどういうことなのか、我々２人と一緒に見ていきましょう。

目 次

序章 現代AIの基礎知識

AI（人工知能；Artificial Intelligence）という言葉は、アメリカの計算機科学者ジョン・マッカーシーにより、1956年に提示されました。
現代のAIは機械学習と呼ばれる手法を使うものが主流です。
ところで、AIの本などを見ますと、**「機械学習」「ディープラーニング」「ニューラル・ネットワーク」**という3つの言葉が頻繁に出て来るのですが、この3つの言葉を、最低限で良いので、意味がちゃんと解り、その違いを適切に説明できる人はほとんどいません。
その理由は、AIの書籍・雑誌などで、これらの言葉について、

① もはや常識ででもあるように、説明なしに使っている。
② 説明する人によって、意味が微妙に、あるいは、かなり違う。
③ 丁寧ではあっても、素人には決して理解できない説明をしている。
④ 良い説明をしていても、あれもこれもと書き過ぎ、何も記憶に残らない。

のどれかであると感じます。
しかし、こんな基礎的なことすら解らずに、難しい数学的理論やプログラミングを指導して一体どうなるのかと思うのですが……
では、この本を読むために必要なだけの、「ニューラル・ネットワーク」「機械学習」「ディープラーニング」をサクっと説明します。

□ニューラル・ネットワーク

人間の脳は、約20億の「ニューロン」と呼ばれる神経細胞が、繋がったり、離れたりすることで知的活動を行います。そんな脳の仕組みをソフト的に真似たものがニューラル・ネットワークです。

□機械学習

現代のAIにおける機械学習の主流は、ニューラル・ネットワークにデータを与え、そのデータからニューラル・ネットワークにルールを発見させるものです。このようなプロセスを機械学習と言います。ルールを人間が教えるのではないことがポイントです。

□ディープラーニング

階層化したニューラル・ネットワークで機械学習を行うことです。
階層は、４層程度から、数十層以上のものがあります。
単に機械学習と言った場合は、階層が１～３層程度までです。
つまり、ディープラーニングも機械学習の１つで、ニューラル・ネットワークの階層が多いものを指します。

※「機械学習」で説明した通り、ニューラル・ネットワークが機械学習の主流ですが、
　厳密には他の様式（モデル）も存在します。

Memo

chapter

1 AIに数学をやらせてみた

AIを作り始めるにあたり、どんなことをやらせるのが面白いか考えました。
筆者の一人は予備校の数学講師。
「人を超える能力をもつというAIに数学をやらせたらどうなるか？」と考えたわけです。
数学的モデルを使って予測するシステムがAIですから、きっと数学との相性は良いのでしょう。
ですが、実際にやってみると……
分かったのは**「簡単な数学ですら、AIにも苦手なことがある！」**ということでした。
遊びながらAIに慣れていった経験をつづっています。
また、コラムでは数学的な解説も入れていますので、数学がお好きな人はお楽しみください。

contents

1-1 AIに足し算と掛け算を教えてみた

NNC最初の一歩

機械学習を拍子抜けがするほど簡単なテーマで始めようと思います。
これにより、AIやプログラミングや数学の基礎がない人も、初めて機械学習に取り組むことが可能になります。
そのテーマは**「足し算」**です。
具体的に言えば、AIに足し算を教えるのです。
それだけで、NNCの基本的な使い方が解るはずです。必要に応じてNNCのマニュアルを参照しながら読み進めてください。
では、どのようにAIに足し算を教えるのかと言いますと、問題と答えを与えるだけです。
AIがどうやって足し算を学習するかを気にする必要はありません。
計算問題は、4桁までの2つの数字（0から9999まで）を足しますが、とりあえずマイナスの数はなしとします（実はあっても同じです）。

例　　233 + 45 = 278
　　　8799 + 638 = 9437

こんな計算問題をAIにどんどん与えます。
そうすれば、AIは足し算を覚えます。

本書では、機械学習の基本である**「教師あり学習」**のみ扱います。
他にも、「教師なし学習」や「強化学習」がありますが、まずは、「教師あり学習」をしっかりマスターし、慣れておくべきと思います。
教師あり学習とは、今回のように、足し算の問題と共に答もAIに与えて学習させる方式です。

データ作成

まず、AIに学習させる沢山の数の計算問題を作成します。
とりあえず1000問作ろうと思いますが、手作業で作るのは大変です。

そこで、これが一番簡単なやり方だと思いましたのでExcelマクロ（VBA言語でプログラミングします）で作成しました。
乱数という、デタラメな数を発生するコンピューターの機能を利用してプログラムを作れば、いろいろな計算問題を作ることが出来ます（作り方は後述します）。
Excelを使うと、NNCで使うデータを簡単に操作できて便利ですが、問題を作ること自体は、およそどんなプログラミング言語でも可能ですので、好きなプログラミング言語があれば、それで作っても構いません。プログラミングに不慣れな人はスルーしてください。
※データ作成用のVBAプログラムは、後で記載します。

学習用データも、テスト用データも、次のような形のCSVファイルにします。

	A	B	C
1	x__0:left_num	x__1:right_num	y__0:ans_num
2	9275	9767	19042
3	9215	2478	11693
4	4739	1181	5920
5	4056	3203	7259
6	9325	9643	18968
7	4513	6804	11317
8	6102	9068	15170
9	9462	4781	14243
10	6198	9204	15402
11	288	1104	1392
12	3325	2033	5358
13	1667	9870	11537
14	818	681	1499

◆図1－1　**足し算用のCSVファイル**

x__0:left_num	足し算の左側の数字です。
x__1:right_num	足し算の右側の数字です。
y__0:anser_num	答です。

【補足】CSVファイルは、カンマ区切りのテキストファイルとし、個々のデータをダブルクォーテション（“”）で囲まないようにします。よって、テキストエディタで見ると、次のようになっています（これはフリーのテキストエディタであるTeraPadで開きました。メモ帳など、他のテキストエディタでも大体同じになります）。

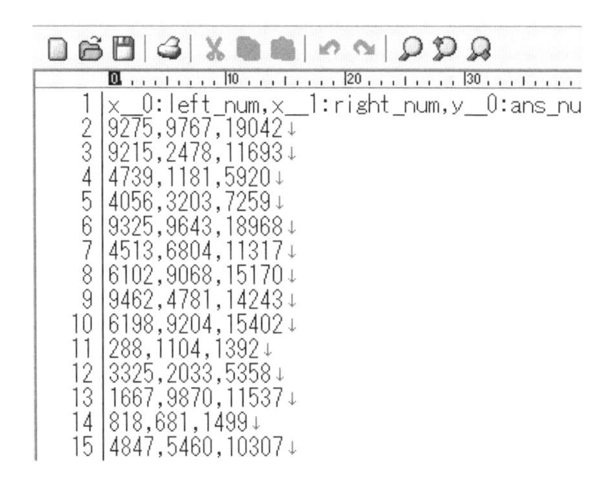

◆図1－2　**CSV ファイルをテキストエディタで見ると**

データの用意ができましたので、早速、機械学習を実施しましょう。
NNC を起動しましたら、NNC のフォームの上の方にある「+ New Project」（下図）をクリックし、新規プロジェクト作成画面にしてください。

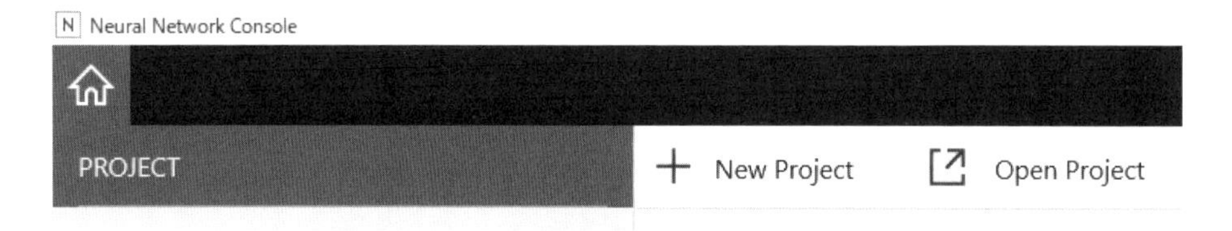

◆図1－3　**NNC の「+ New Project」**

そして、NNC のマニュアルに従い、「Edit」で次のようなネットワークモデルを作ってください。

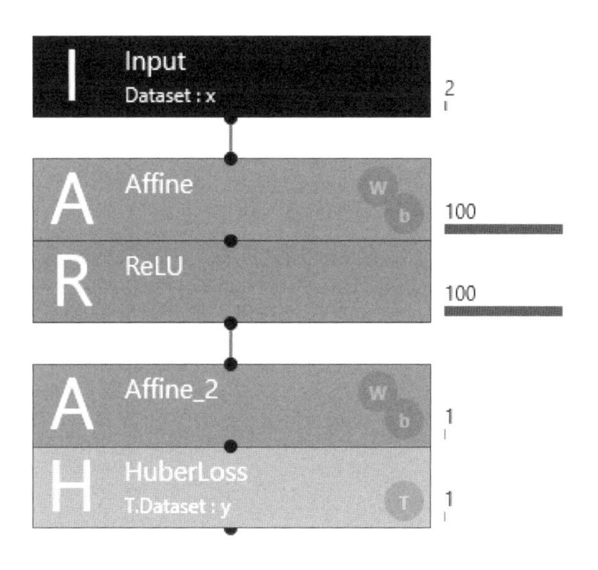

◆図1－4　ネットワークモデル

Inputが「2」なのは、足し算をする2つの数字を入力することを意味します。

Affineが「100」なのは、2つの数字をそれぞれ100個のノードに取り込むという意味です（数値を変えることもできます。どんな数値が良いかはだんだん分かってきます）。

結果、InputとAffineをつなぐエッジは200本（2×100）になります。

脳で言えば、ノードはニューロン（神経細胞）で、エッジはニューロン同士をつなぐ軸索というケーブルのようなものです。

2つ目のAffine（Affine_2）の「1」は、答を1つ取り出すという意味です。

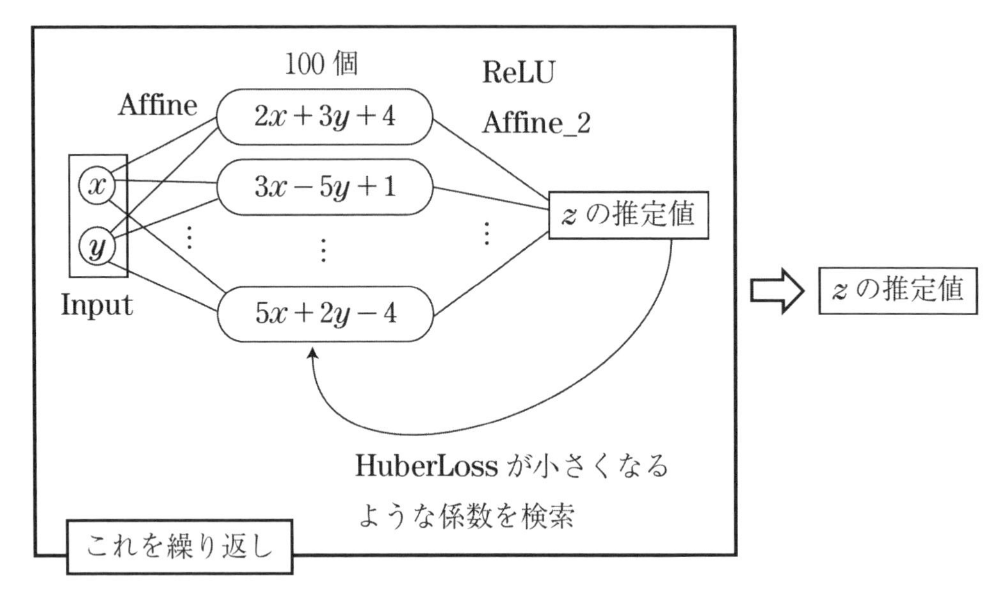

◆図1－5　人工知能のイメージ

Affineというのは、入力された (x, y) に対して、$ax+by+c$ と表される値を返す関数です。
例えば、$2x+3y+4$ です。
今回の設定では、このような式を100個使って、AIを作るのです。

$$
\begin{array}{c}
2x+3y+4 \\
3x-5y+1 \\
\vdots \\
5x+2y-4
\end{array}
$$

もう少し詳しく言うと、これら100個の式の係数（$2x+3y+4$ では、2、3、4）をどんな値にしたら誤差が小さくできるかを考えるのです。これを自動でやってくれるNNCはすごいです。

活性化関数はReLU、誤差はHuberLossというものを使用して計算することにしています。
とても基本的なネットワークモデルで、初めのうちは、とりあえずこれを使うと良いと思います。
これらを使うとうまくいくことが多い、くらいの理由でReLUとHuberLossを選択しています。
慣れてきたら、他の関数で実験してみるのも、感覚を養うのに効果的です。
繰り返しの回数は、「CONFIG」タグの「Max Epoch」で設定できます。
では、このネットワークモデルで学習を行います（次図）。

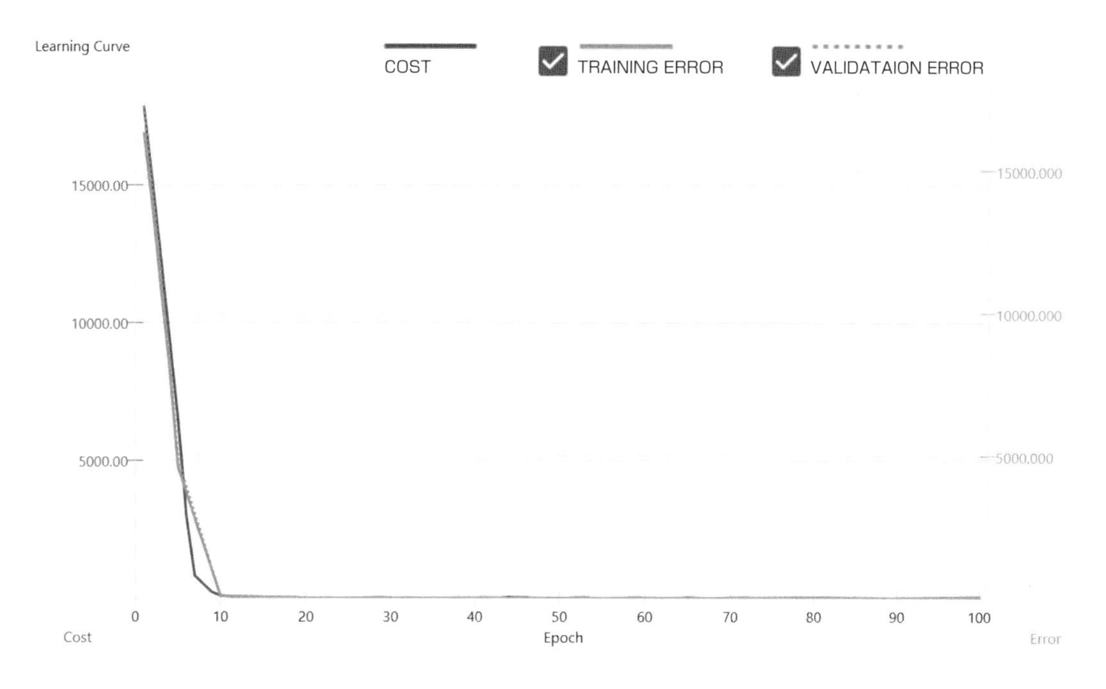

◆図1－6　**学習曲線（収束の様子を表すグラフ）**

COST（濃い実線）、TRAINING ERROR（薄い実線）、VALIDATION ERROR（破線）のグラフが底辺に収束しているほど、AIは誤差がない推測をしたことを表します。推測と正解の誤差を示す右側の縦軸の数値にも注意しておきましょう。

では、AIの推測結果がどんなものか、Excelで表示してみましょう。

これは、Evaluationを実施後に表示された「表」の上で右クリックし、「Save CSV as」で保存したCSVファイルです（「AIの予測」の表題や、AI予測列の数字の小数点以下を2桁に調整するなど、解り易いように少し変更しました）。詳細はマニュアルをご覧ください。

	A	B	C	D
1	x__0:left_num	x__1:right_num	y__0:ans_num	AIの予測
2	3605	1035	4640	4639.25
3	2636	537	3173	3173.67
4	5602	3473	9075	9077.01
5	2530	1723	4253	4253.66
6	1927	7343	9270	9265.41
7	4888	5249	10137	10136.06
8	2055	7343	9398	9390.91
9	6239	9645	15884	15874.82
10	6018	6500	12518	12516.20
11	8125	8413	16538	16539.81
12	8937	2579	11516	11513.21
13	7879	7680	15559	15552.82
14	8052	6987	15039	15030.91
15	1904	6359	8263	8254.52
16	2251	6179	8430	8414.45
17	1459	8801	10260	10247.36
18	4106	5567	9673	9670.74
19	935	9954	10889	10878.70

◆図1－7　AIの予測を書き出したCSV

AIは足し算の法則をかなり学び、それなりに計算をしました。

けれども、やはり誤差があります。

慣れてくれば、ネットワークモデルについて、どんな場合にどこを直せば良いか見当も付くようになります。

ただ、NNCには、より良いモデルを自動で探してくれるという素晴らしい機能がありますので、それを利用しましょう。

それには「CONFIG」をクリックして設定画面を開きます。

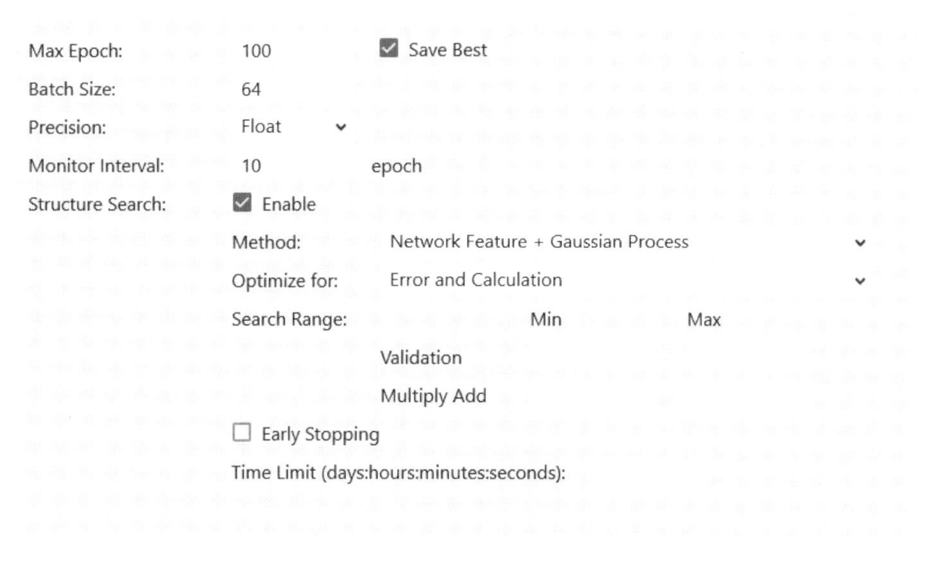

◆図１－８　CONFIG

「Structure Search」で「Enable」のチェックボックスをチェックし、「Method」で「Network Feature + Gaussian Process」を選択します。「Random」でも良いのですが、「Network Feature + Gaussian Process」の方が性能が高いようです（本当は、今回のような程度のものではRandomでも十分です）。
そして、「EDIT」に戻り、Trainingを実施することで、NNCはより良いモデルを自動で連続的に探し続けます（どこかで止めてあげましょう）。
その中から、次のモデルを選択しました。

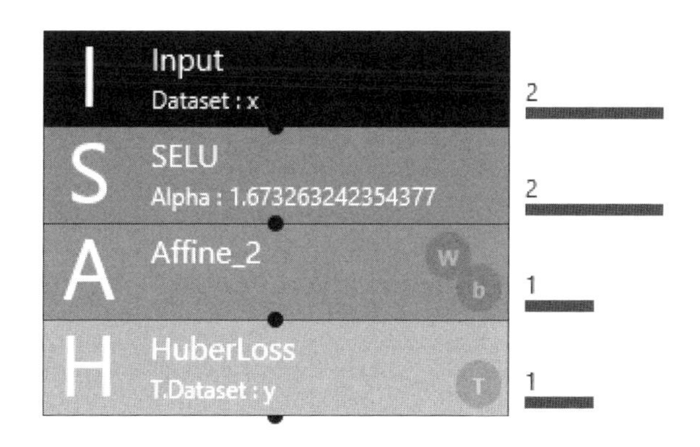

◆図１－９　新しいネットワークモデル

学習曲線は次の通りです。

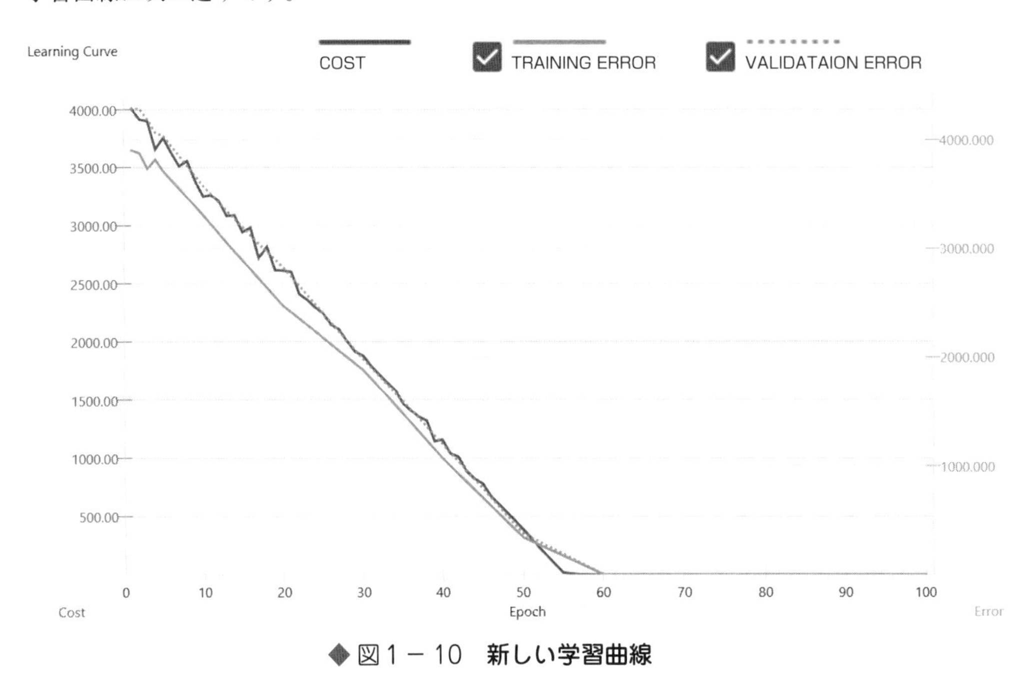

◆図1－10　新しい学習曲線

では、今回のAIの推測結果です。

	A	B	C	D
1	x__0:left_num	x__1:right_num	y__0:ans_num	AIの推測
2	3605	1035	4640	4640.21
3	2636	537	3173	3173.27
4	5602	3473	9075	9075.04
5	2530	1723	4253	4253.22
6	1927	7343	9270	9270.02
7	4888	5249	10137	10136.99
8	2055	7343	9398	9398.02
9	6239	9645	15884	15883.77
10	6018	6500	12518	12517.90
11	8125	8413	16538	16537.74
12	8937	2579	11516	11515.94
13	7879	7680	15559	15558.78
14	8052	6987	15039	15038.80
15	1904	6359	8263	8263.06
16	2251	6179	8430	8430.06
17	1459	8801	10260	10259.98
18	4106	5567	9673	9673.01
19	935	9954	10889	10888.96
20	4402	5922	10324	10323.99
21	8643	3015	11658	11657.94
22	9167	2283	11450	11449.95

◆図1－11　新しい予測を書き出したCSV

ほぼ0.3未満の誤差となりました。一応は、AIは足し算をマスターしたようです。
そもそもAffineは、x, yを入力されたら1次式（$2x+3y+4$, $3x-5y+1$など）を計算するものですから、和「$x+y$」はAffineに含まれています。足し算ができるのは当然なのです。
お察しのとおり、こんなことをAIにやらせるなんて、無駄以外の何物でもありません。
ところで、今は我々は、暗算も、紙での筆算も、ソロバンなんて粋なものも使いません。
電卓？
ある超有名なアート系デジタル企業の人気者の社長が、「電卓使います？　Excelとか使いません？　電卓持ってるやつがいたらクビにするかもしれない」と言ってるのをテレビで見た覚えがあります。
だから我々も、普段の計算ではExcelか、せめて電卓（これでクビにする社長の会社でなければですが）を使うようにして、AIは別の用途に使った方が良いでしょう。
いまはNNCおよびAIのことを知るために、敢えて無駄なことをやっています。もう1つ、その社長に聞かれたら怒られそうなこと（Excelでやれってこと）をやってしまいましょう。

掛け算

足し算はうまくいったのですが、掛け算はどうでしょうか？
最初は同じように楽勝と思ったのですが……
３桁以下の整数同士の掛け算をAIに教えてみました。
計算問題は、足し算の時と同様、プログラムで、1000問のCSVファイルを作りました。
それをExcelで開いたら、次のようになっています。

	A	B	C
1	x__0:left_num	x__1:right_num	y__0:ans_num
2	329	361	118769
3	999	326	325674
4	313	377	118001
5	296	644	190624
6	975	804	783900
7	38	603	22914
8	791	517	408947
9	658	715	470470
10	798	727	580146
11	591	483	285453
12	38	615	23370
13	351	179	62829
14	267	227	60609
15	862	850	732700
16	905	618	559290
17	27	586	15822
18	240	233	55920
19	572	38	21736
20	882	557	491274

x__0:left_num
足し算の左側の数字です。

x__1:right_num
足し算の右側の数字です。

y__0:anser_num
答です。

◆図1－12　**掛け算用のCSVファイル**

ネットワークモデルも、次のように、まずは基本的なものを作成します。

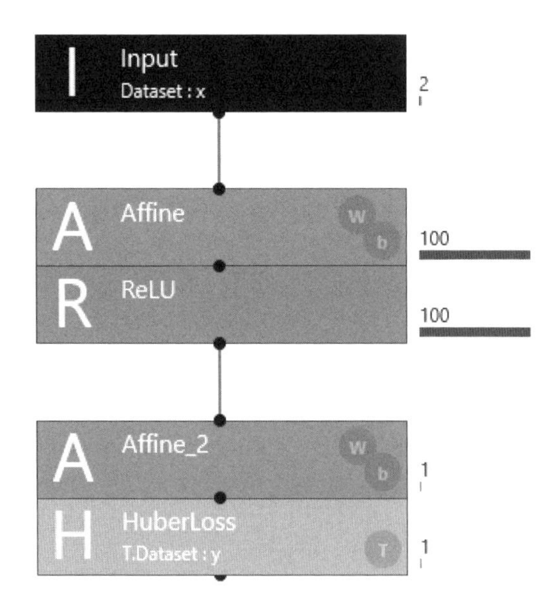

◆図1－13　**ネットワークモデル**

Max Epoch（繰り返し回数）を100でやったところ、それなりに収束するのですが、エラーが非常に大きいのに驚きました。

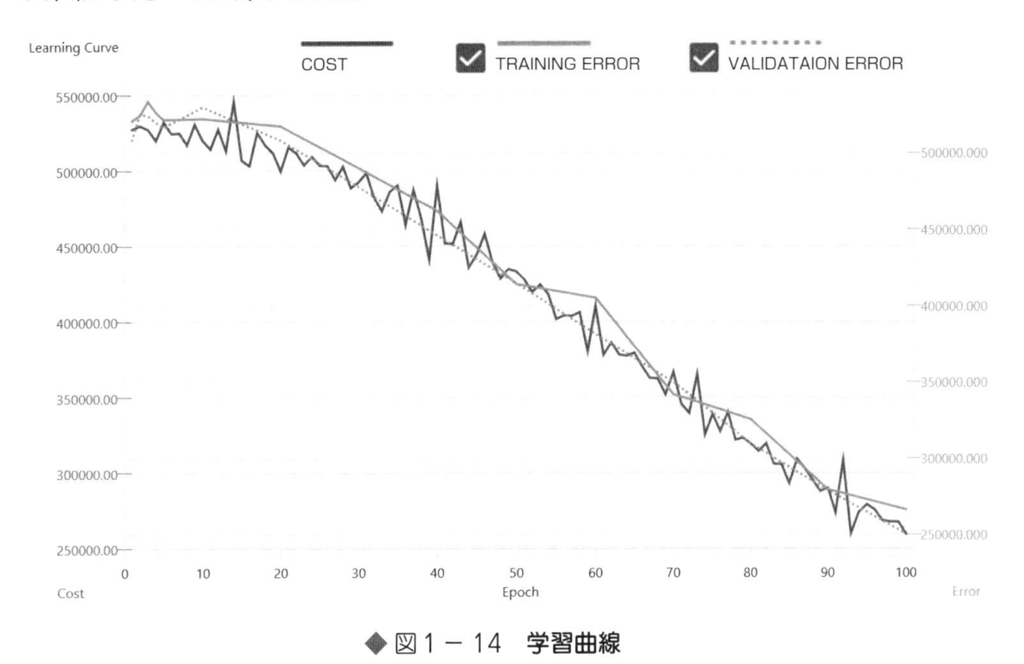

◆図1－14　学習曲線

そこで、「CONFIG」タグでMax Epochを200に変更し、さらに300にすると、エラーは徐々に小さくはなっていくのですが、十分には小さくなりません。Max Epochを2000でやってみましたが、ある回数（800位）からエラーの大きさが変わりませんでした。

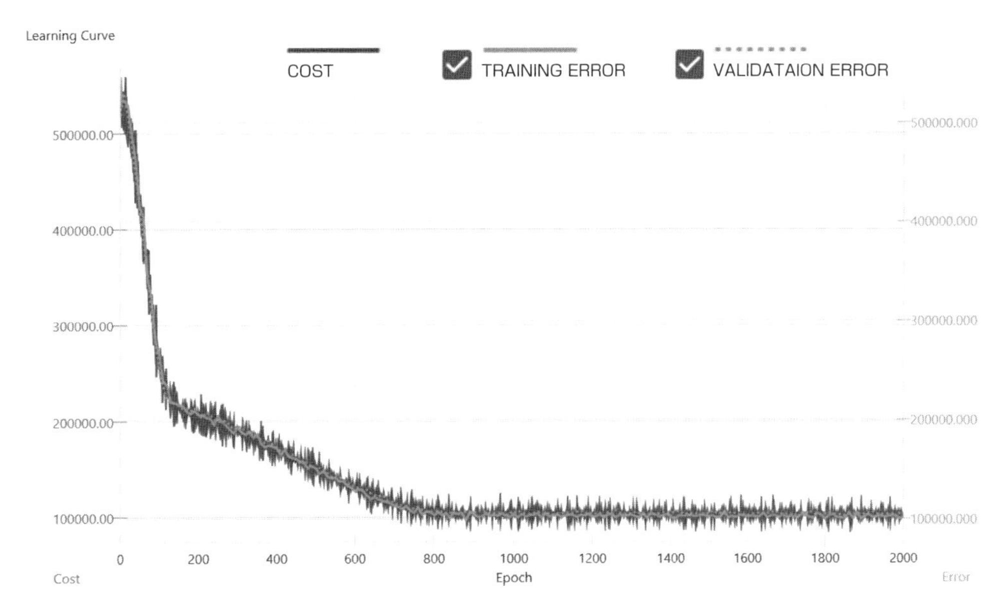

◆図1－15　変更後の学習曲線

「何回やらせるねん！　ええ加減にせい」とAIが怒っているかのようです。
そんな状況では、Evaluationを実施しても、ここに記載するまでもない酷い計算結果でした。
そこで、ノード数を数千にしたり、4層以上のネットワークモデル（Affine + ReLUのようなものをたくさんくっつけたもの）を作ったり、いろいろやってみましたが、AIは掛け算をうまく覚えることができません。

「AIに掛け算すら教えられないなんて、予備校講師失格だ……」
しかし、「EDIT」の「Components」の中に数学関数であるMathグループがあることに気付き、その中で、対数関数のLogと指数関数のExpに注目しました。
以下に、少し、**掛け算と対数の関係**について説明をします。

$4 \times 8 = 32$ の計算は

$$4 = 2^2,\ 8 = 2^3,\ 32 = 2^5$$

と表記して右上の数（指数）だけを見ると

$$2 + 3 = 5$$

となっています。
指数で考えるためには、log（対数・logarithm）を利用します。
$4 = 2^2$ を $\log_2 4 = 2$ と表します。
同じように、$8 = 2^3$ は $\log_2 8 = 3$ と表せ、$32 = 2^5$ は $\log_2 32 = 5$ と表せます。
すると、先ほどの指数だけ見た計算 $2 + 3 = 5$ は

$$\log_2 4 + \log_2 8 = \log_2 32$$

と表現できるのです。
このように対数を考えると、「掛け算」は「足し算」になってしまいます。

ということで、対数を利用して $4 \times 8 = 32$ を計算すると、

① 対数で表す

$$\log_2 4 = 2,\ \log_2 8 = 3$$

② ①で得られた数の足し算を計算する

$$2 + 3 = 5$$

③ ②で得られた数を指数に戻す

$$2^5 = 32$$

足し算は「Affine」で計算できるので、この流れを利用して次のネットワークモデルを考えることができます。

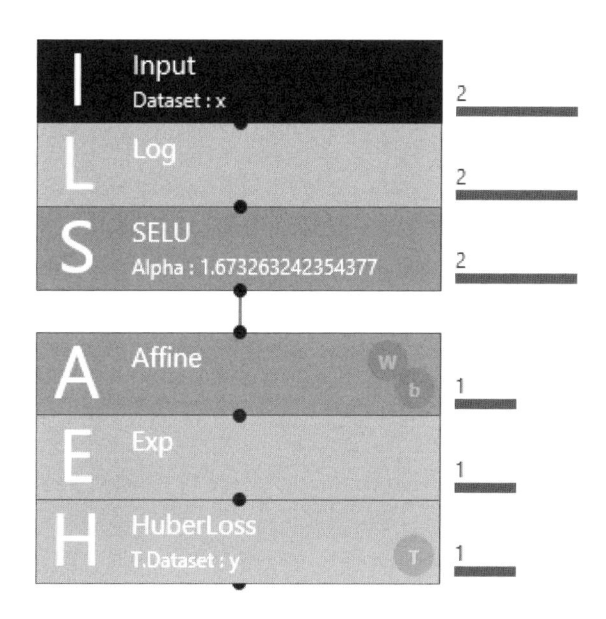

◆図1－16　対数・指数を入れたネットワークモデル

このモデルでの実行結果が以下のものです。

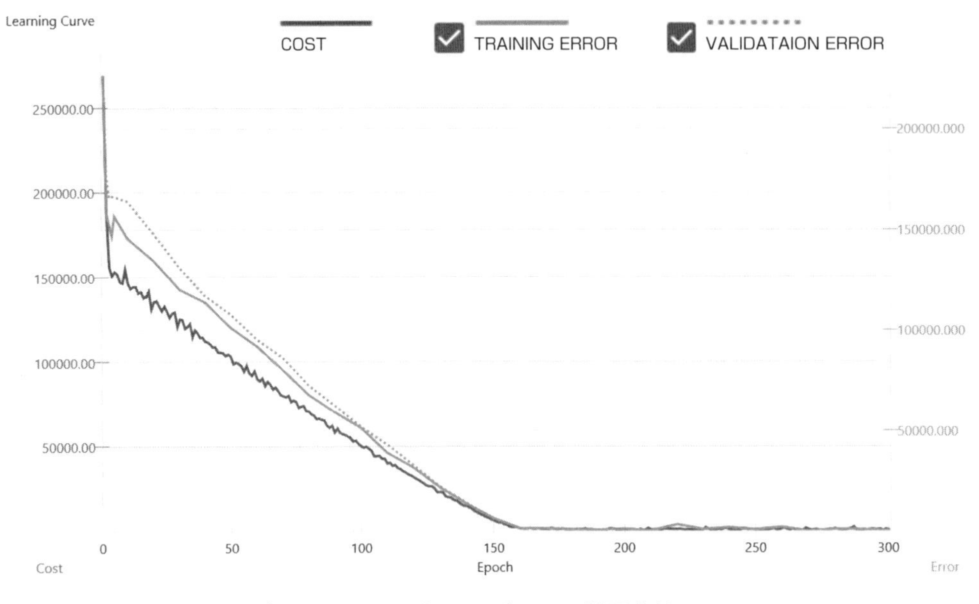

◆図1－17　上記モデルでの学習曲線

Max Epoch を 1000 にした結果は以下の通りです。

	A	B	C	D
1	x__0:left_num	x__1:right_num	y__0:ans_num	AIの予測
2	30	683	20490	20490.24
3	758	881	667798	667871.40
4	152	347	52744	52747.41
5	921	166	152886	152904.78
6	222	612	135864	135874.08
7	962	791	760942	761030.70
8	358	430	153940	153953.89
9	80	966	77280	77283.05
10	486	338	164268	164284.28
11	729	150	109350	109362.64
12	790	97	76630	76639.23
13	687	819	562653	562712.56
14	415	584	242360	242382.31
15	390	470	183300	183316.77
16	423	927	392121	392156.90
17	514	899	462086	462131.12
18	993	901	894693	894798.06
19	792	709	561528	561591.06
20	874	569	497306	497363.72
21	103	80	8240	8240.48
22	91	168	15288	15288.79
23	796	783	623268	623337.90
24	899	255	229245	229272.52

◆図1－18　上記モデルでの AI の予測

いくらか誤差はありますが、それなりの計算ができるようになりました。

ここで1つ重要な観点を確認しておきます。
あくまで、実用的なAIを作ることを目指すとすれば、"普通の機械学習"に固執する必要はなく、組み込まれた関数を利用することも大事なのです。そのためには、少しの数学リテラシーが必要になることもあります。
対数と指数を利用した掛け算のAIを作りましたが、実際は、答えが0になるものだけ、誤差が少し大きくなります。
実際に、答えが0になる場合を、学習済みのAIに答えさせてみましたら、次のようになりました。

	A	B	C	D
1	x__0:left_num	x__1:right_num	y__0:ans_num	AIの推測
2	100	0	0	18.73
3	0	100	0	18.71
4	0	0	0	0.04
5	0	999	0	187.04
6	888	0	0	166.42

◆図1－19　**答えが0になるもの**

この理由は分かるでしょうか？
実は、0の対数 $\log_2 0$ を考えることができないためなのです。負の数も対数を考えることができないので、このAIは正の数同士の掛け算しか計算できないと考えられるのです。
こういう不具合の原因を推定するのにも、数学リテラシーが必要になることがあるのです。

しかし、ここで1つ、謝らなければならないことがあります。
上記のネットワークは、数学リテラシーを活用する例をお見せするために、無理やり作ったものです。
実は、NNCには「掛け算」そのものが組み込まれています。既にお気付きの人もいると思いますが、指数関数・対数関数が組み込まれているNNCに「掛け算」が入っていないわけがありません。三角関数なんかも入っています。
ということで、それを使えば

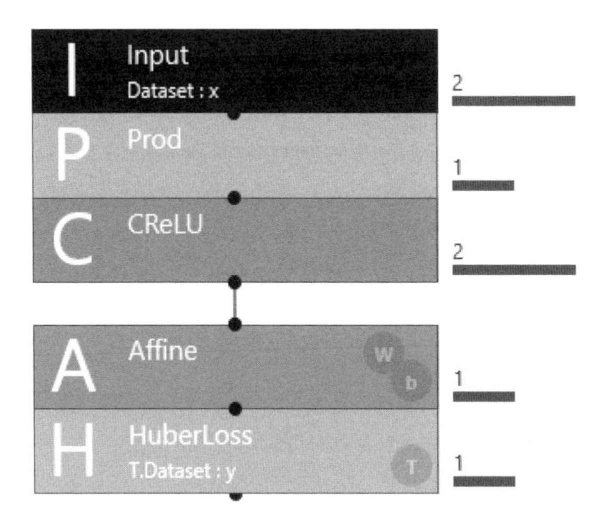

◆図１－20　**積の関数を使うネットワークモデル**

というネットワークモデルを作ることができます。掛け算の計算結果を「積」と言いますが、それを英語にすると「product」になります。「Prod」が、入力された２数の積を計算する関数です。

当然ながら、非常に早く収束し、高精度で掛け算の計算結果を予測してくれます。もちろん、0が入ろうが、負の数が来ようが、お構いなし。最強の掛け算AIです。掛け算をする機能に掛け算をやらせるのですから当然です。

このモデルでの学習グラフと、Evaluationの結果は以下の通りです。
Max Epochは100で十分でした。

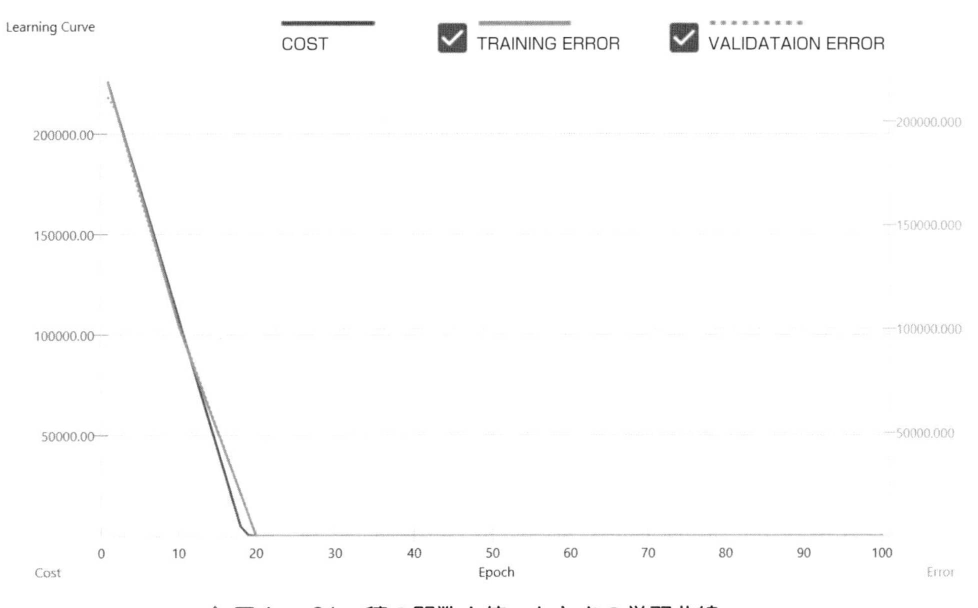

◆図1－21　**積の関数を使ったときの学習曲線**

結果も、ほぼ、小数点1桁までの誤差に収まっています。

	A	B	C	D
1	x__0:left_num	x__1:right_num	y__0:ans_num	AIの予測
2	30	683	20490	20489.621
3	758	881	667798	667799.3
4	152	347	52744	52743.703
5	921	166	152886	152885.97
6	222	612	135864	135863.92
7	962	791	760942	760943.56
8	358	430	153940	153939.97
9	80	966	77280	77279.766
10	486	338	164268	164268
11	729	150	109350	109349.85
12	790	97	76630	76629.766
13	687	819	562653	562654.06
14	415	584	242360	242360.2
15	390	470	183300	183300.05
16	423	927	392121	392121.6
17	514	899	462086	462086.78
18	993	901	894693	894694.94
19	792	709	561528	561529.06
20	874	569	497306	497306.88
21	103	80	8240	8239.588
22	91	168	15288	15287.606
23	796	783	623268	623269.2
24	899	255	229245	229245.16

◆図1－22　**積の関数を使ったときのAIの予測**

対数関数（Log）の場合、誤差が大きかった、答が0になる問題も、同じ程度の誤差に収まりました。

	A	B	C	D
1	x__0:left_num	x__1:right_num	y__0:ans_num	AIの予測
2	100	0	0	-0.43
3	0	100	0	-0.43
4	0	0	0	-0.43
5	0	999	0	-0.43
6	888	0	0	-0.43

◆図1－23　**答えが0になるものはどうなったか？**

「最初からこれでやれよ！なんてバカバカしいことをやっているんだ」と怒られそうですが、実用的な優れたAIを作るためには、成功例だけではなく失敗例もお見せすることが大事だと考えています。

数学が分かっているとより楽しめるとは思いますが、どんな人でもうまくAIを活用できるように、NNCは本当によく考えられています。それをどう生かすかは、使う側に委ねられているのです。

補足 Excel上で加算の計算問題を作るVBAプログラム

Sheet1にコマンドボタンCommandButton1を置き、以下のプログラムを作ります。

C7セル：学習用問題数（例：800）

C8セル：学習用問題数（例：200）

プログラム実行により、Sheet2に学習用問題、Sheet3にテスト用問題を作成します。

掛け算問題作成用への修正は簡単と思います（コメントの、答[※]の行の左の計算の「+」を「*」に変えるだけ）。

```
Private Sub CommandButton1_Click()

    Dim lng_count As Long          'カウンタ
    Dim lng_train As Long          '訓練データ数
    Dim lng_test As Long           'テストデータ数
    Dim lng_left_num As Long       '数字1
    Dim lng_right_num As Long      '数字2
    Dim lng_ans_num As Long        '答

    lng_train = Range("C7").Value
    lng_test = Range("C8").Value

    Worksheets("Sheet2").Range(("A2"), ("C100000")) = ""
    Worksheets("Sheet3").Range(("A2"), ("C100000")) = ""

    Randomize

    For lng_count = 1 To lng_train

        'Int((最大値 - 最小値 +1 ) * Rnd + 最小値 )
        lng_left_num = Int(10000 * Rnd)      '0から9999までの数字を作る
        lng_right_num = Int(10000 * Rnd)     '0から9999までの数字を作る

        lng_ans_num = lng_left_num + lng_right_num  '答[※]

        'セルに書き込む
        Worksheets("Sheet2").Cells(1 + lng_count, 1) = lng_left_num
        Worksheets("Sheet2").Cells(1 + lng_count, 2) = lng_right_num
```

```
        Worksheets("Sheet2").Cells(1 + lng_count, 3) = lng_ans_num

    Next

    For lng_count = 1 To lng_test

        'Int((最大値 - 最小値 +1 ) * Rnd + 最小値)
        lng_left_num = Int(10000 * Rnd)      '0から9999までの数字を作る
        lng_right_num = Int(10000 * Rnd)      '0から9999までの数字を作る

        lng_ans_num = lng_left_num + lng_right_num  '答[※]

        'セルに書き込む
        Worksheets("Sheet3").Cells(1 + lng_count, 1) = lng_left_num
        Worksheets("Sheet3").Cells(1 + lng_count, 2) = lng_right_num
        Worksheets("Sheet3").Cells(1 + lng_count, 3) = lng_ans_num

    Next

End Sub
```

コラム1

失敗談：「和」をAIに教えてみた（Mr. ø）

1+1=2，2+1=3，……

小学校で学んだ足し算の計算が出来ない人はいないですよね。
そんな簡単な計算、人を越える能力をもつ AI にとっては簡単過ぎるんじゃないか、と思いませんか？
私もそう思っていましたが、それは AI を正しく使えての話です。本編では簡単に和を教えた話がありますが、AI で遊び始めたころは大失敗をしたことがあります。そのエピソードを紹介します。

NNC には足し算の計算機能が組み込まれていますが、初心者だった私はそんなことは知りませんでした。別の AI を作るときに使った次のネットワークモデルが万能だと信じていて、軽い気持ちで「よし、コレで足し算をやらせてみよう」と考えました。

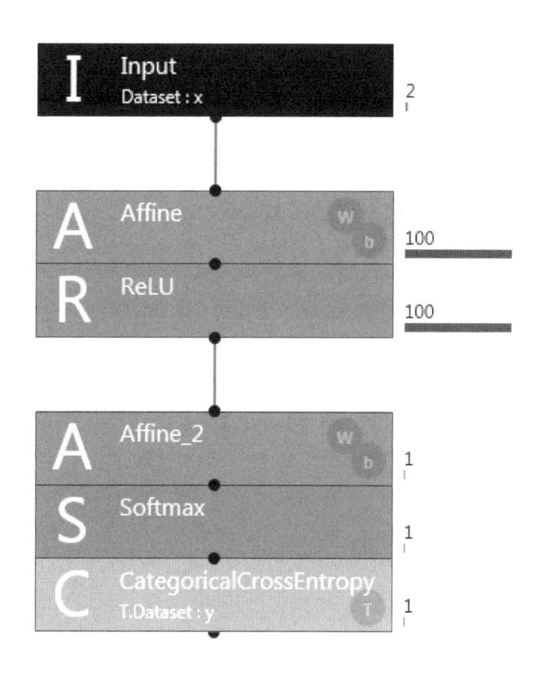

◆図1－24　ネットワークモデル

先ほどと同様、足し算の問題と答えのデータを作って、大量に与えて、AIに法則を考えさせます。そして、ちゃんと足し算をマスターできるかを実験したのです。
後で分かりましたが、このネットワークモデルで使っている関数は、確率を推定するタイプのAIを作るときのもので、答えを確定的に推定するものではありません。

Softmax
CategoricalCrossEntropy

の部分です。これを使わないと作れないAIもあるのですが、今回はハズレです。うまくいくはずはありません。ですが、それなりに頑張ってくれます。
無知な筆者が無茶を強いた結果、AIくんがどのように健闘してくれるのか。反面教師にはなるだろうということで、恥を忍んでここにその試みの記録を記します。
AI初心者が自作するときには、こういう失敗を繰り返して、それを乗り越えていきます。私のおバカな例が、読者の皆さんがおそれずに一歩を踏み出してくれることを後押しできたら幸いです。
では、見ていきましょう。

0 + 0 = 0
0 + 1 = 1
……
50 + 50 = 100

といった計算問題とその答えを用意します。それを学習用とテスト用に分けます。学習用データで学習させた後に、テスト用データの問題を解かせて、足し算の答えを予測させます。そして答え合わせするのです。すると、どうでしょう！
例えば、

33 + 9 = 40

のような不可解な計算をしてくれるのです。このAIによると、足し算はこういう計算なのです。
他にも

5 + 39 = 52
30 + 31 = 61
40 + 1 = 40

ん？　当たらずとも遠からず？　と思っていたら

50 + 38 = 61

えっ？　88のはずが61？　27もズレてる。
誤差が大きいものから小さいものまで。平均で誤差は3.844でした。
少し専門用語を使いますが、この実験の統計量を求めますと

標準偏差＝8.975
正解と予測の相関係数＝0.904

でした。この相関係数0.904は、「かなり強い正の相関」を示しており、当たらずとも遠からずとは言えます。標準偏差から分かることは、結果の散らばり具合です。

「正解との差が3.844 ± 8.975の範囲に入る」確率が $\frac{2}{3}$ くらい

という解釈になります（詳細は省略）。全体の $\frac{1}{3}$ くらいはもっと誤差が大きい、ということです。

「そう言われてもよく分からない」という声が聞こえてきそうなので、専門的な説明はこれくらいにして、具体的にどれほどの精度なのかを見ていきましょう。
詳細を見ていくと、「足し算の答え」としてAIが予測した数値は

1, 3, 6, 7, 11, 13, 15, 20, 22, 23, 24, 27, 28, 31, 32, 40, 52, 61

の18個しかありませんでした。
しかも、何と、71以上の答えになるものはすべて61と答えていました。

50 + 38 = 61

「Softmax + CategoricalCrossEntropy」が万能だと信じている当時の私には、まったく意味が分かりませんでした。
まさか、こんなに外れているとは……ショックでした。
AIのスゴさを知るための実験として「足し算」をやらせてみましたが、**「AIはカンペキではない」**という認識を持ってしまいました（言うまでもなく、NNCのせいではなく、作り手の問題ですけど…）。

今回は極端な例ですが、1つの真理はあります。
AIは、人にとっては法則を見出しにくいものを扱わせても、人には不可能な圧倒的な超予測力を見せてくれることがあります。しかし、人間が正しく使わないと、人にとって簡単な予測（足し算）も全くできないのです。

AI にとって、足し算の計算結果の予測（人にとっては簡単）も、例えば 10 年後の日本の人口の予測（人にとっては難しい）も、同じ予測問題なのです。
AI に正しい予測をさせるには、人間が正しい使い方をする（正しいモデルを作る）ことが大切です。「外れたじゃないか、訴えるぞ！」というのは的外れです。
より良いモデルを探し、選択するのは人間の役割です。

「AI はどう使っても正しい答を出すわけではない」という悟りを得た私（なんと愚かな……）は、この AI をもっといじめてみました。
イヤガラセではないですよ、もっと詳しく特性を知りたくなったのです。
そこでやってみたのは、「教えていないことには、どんな答えを返してくるのか？」です。

0 + 0 = 0　～　50 + 50 = 100

だけしか教えていないのに、そこに含まれていない足し算の結果を予測させてみたのです。私の心の声も添えながら、結果発表していきます。

52 + 85 = 61　（やっぱり 61 かい！）
85 + 52 = 61　（そりゃそうか、52 + 85 と 85 + 52 は同じだ！）
(−25) + 39 = 20　（マイナスなんて教えてないのに、健闘してるやん！）
39 + (−25) = 0　（なんで (−25) + 39 と違う予測してんねん？）
15 + (−15) = 0　（おぉ、やるやん！）
(−15) + 15 = 3　（う～ん、ビミョー）

と、ツッコミどころ満載の予測をしてくれました。
どんな法則で予測しているのか、さっぱり分からないですが、何となく彼のクセは見えてきますね。
足し算という分かり切ったもので AI を使っても何の意味もないのですが、まったく自分では予測できない状況で「当たらずとも遠からず」の予測をしてくれるとしたら、こんな心強いことはありません！　これこそが、AI を利用するということです。しかし、教えていないことに答えることはできません。

- **AI の予測を完璧なものと信じ過ぎることは危険**
- **人間が正しく使わないと AI は間違える**

ということも体感できました。
さて、AI くん、あるとき

　1 + 1 = 4

と答えてくれました。もうお手上げです。ですが、詳細を確認すると、この AI は確率を計算していることに気づきました（そもそもそういう関数ですから……）。
1 + 1 の計算結果が 0, 1, 2, 3, 4, 5, 6 のどれになるか、この AI は

　「1 + 1 = 0」となる確率 = 1.0%
　「1 + 1 = 1」となる確率 = 0.9%
　「1 + 1 = 2」となる確率 = 17.7%
　「1 + 1 = 3」となる確率 = 22.3%
　「1 + 1 = 4」となる確率 = 24.6%
　「1 + 1 = 5」となる確率 = 18.3%
　「1 + 1 = 6」となる確率 = 15.1%

という確率だと考えていました。ぜんぜん自信がないようです。その中で一番確率が高いと考えた 4 を答えていたのです。
学習回数が 100 回と少なかったからかもしれません。そこで、自信をもって予測してもらうために、学習回数を 1000 回に増やしてあげました（人間に同じ足し算ばかり 1000 回もやらせたら怒るでしょうが、彼は良い子なのです）。
学習データも工夫しました。
すると、どうでしょう！

　「1 + 1 = 2」となる確率 = 99.1%

とバッチリの答えを返してくれました。
それでもやはり、教えていない計算はぜんぜんうまくやれませんでした。無理なものは無理なのです。

- **学習内容を元に推測するのがAIの仕事**
- **正しい推測ができるように、適切なモデルを作ることが人間の仕事**

人に教えるときでもそうですね。
テキトーな教え方をして、「これと同じようにやってごらん」では、こういうことが起こってしまうのです。
AIでは、教えた内容に特化し過ぎて、まったく応用の利かない計算法則を構築してしまうことがあります。AIで特に注意が必要な現象の「過学習」です。
暗記学習で定期考査だけ乗り越えてきたけど、実力テストになると……という中高生と同じ。
　「問題の解き方を本当のことを理解して、応用が利く学習をしなさい」
と中高生にアドバイスするのと同じく、
　「問題の解き方を深く理解して、応用の効く法則を作りなさい」
とAIにアドバイスしてあげないといけません。
中高生は、大人から言われても言うことを聞かないことがありますが、AIは教えた通りに育ちます。教える側の力がハッキリ現れます。

　どんなモデルで学習させるか？
　どんなデータで学習させるか？
　何回繰り返し学習させるか？

生徒の個性を理解して、適切な学習指導と理解力を上げる演習問題をさせることが必要です。
AIへの教育が上手になるためにはどうするか？
とにかくAIに色々とやらせてみましょう。
生身の人間の生徒と違って、間違った指導をしてAIが道を踏み外したとしてもdeleteしたらオシマイです。
この経験を通じて、私は「Softmax + CategoricalCrossEntropy」が確率を推定するものであることを理解し、AI教育のスキルがかなり上がりました。

皆さん、どんどん実験して、たくさん失敗して、AIマスターを目指しましょう！
今後も何度も申し上げますが、大事なことは、解決したい課題を
　いかにして予測問題としてとらえるか？
です。

1-2 「同様に」の恐ろしさ ～クワス算を教えてみた～

AIに「足し算」「掛け算」を学習させました。
しかし、彼（AIくん）が、計算の原理を理解しているかどうかは分かりません。

NNCに組み込まれた関数を利用して作ったAIは、その部分に関しては論理的に働いていると言えますが、それ以外の部分で教えていない範囲の計算結果を問うと、とんでもない答えを返す可能性があるのです。
例えば、掛け算を学んでいる人の場合を考えてみましょう。
$1 \times 1 = 1$ ～ $9 \times 9 = 81$ の九九しか教えていないのに、$12 \times 13 = ?$ と問われて、正しい答えを求めることができるでしょうか？　知っている計算の

$$1 \times 1 = 1,\ 1 \times 3 = 3,\ 2 \times 1 = 2,\ 2 \times 3 = 6$$

を（自分なりに）組み合わせて、

$$12 \times 13 = 1 \times 3 \times 2 \times 6 = 36$$

と答えるかもしれませんし、

$$12 \times 13 = 1 + 3 + 2 + 6 = 13$$

と答えるかもしれません。従って、

$$12 \times 13 = 156$$

は、九九を暗記しているだけの人（AIも同様）にとっては、手も足も出ない難問なのです！

我々がよく使う「同様に」ほど曖昧なものはありません。
例えば、あるルールで数字が並んでいます。

3, 1, 4, 1, 5

「同様に」並べていくと、次にくる数字は何でしょう？　その次は？
ちょっと考えてみてください。

同様に　～その①～

円周率

$\pi = 3.1415\cdots\cdots$

の数字の並びになっている、と考えることができます。
これは非周期的に永遠に数字が並び続けることが知られています（数学的には、無理数だからです）。
もっと数字を並べると、

$\pi = 3.14159265358\cdots\cdots$

なので、3，1，4，1，5の後に並ぶ数字は

9，2，6，5，……

です。
世の中には、これを何万ケタも覚えている人もいるようです。
しかし、AIはπの数字を覚えていないはずなので、この「同様に」はハードルが高いでしょう。

同様に　～その②～

ある法則で考えると、次は1で，その次は6です。

3，1，4，1，5，1，6，1，7，1，……

どんな法則でしょう？
1つおきに数字を見ていくとルールが分かりませんか？

3，4，5，6，7
1，1，1，1，1

になっていますね。
奇数番目（1，3，5，7，……番目）のところは、

3，4，5，6，……

と1ずつ増えています。

偶数番目（2，4，6，8，……番目）のところは、

1，1，1，1，……

で，ぜんぶ1です。
気付いていましたか？
慣れている人はこのようなルールにも気付けるのですが、AIは飛び飛びで変化するものがあまり得意でないようです。
連続的な変化には強いのですが、「交互に」といったものは弱いのです。

同様に　～その③～

唐突にすごい式を書きます。

$$f(x)=(x-1)(x-3)^2(x-5)+\frac{1}{6}(x-2)(x-3)(x-4)+4$$

$f(x)$ というのは、関数です。
$f(2)$ と書くと、$f(x)$ の式の x のところをすべて2にしたときの式の値を返します。よって、

$$f(2)=(2-1)(2-3)^2(2-5)+\frac{1}{6}(2-2)(2-3)(2-4)+4$$
$$=-3+0+4=1$$

となります。
この関数の場合、

$f(1)=3$，$f(2)=1$，$f(3)=4$，$f(4)=1$，$f(5)=5$
となっています。

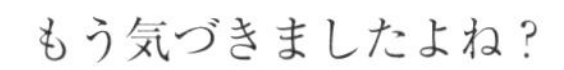

もう気づきましたよね？

3，1，4，1，5

になっています。ということは、次にくる数字は？
$f(6)$ を計算したもの。
どんどん x に数字を入れていくと、どんな数字が並ぶか分かります。

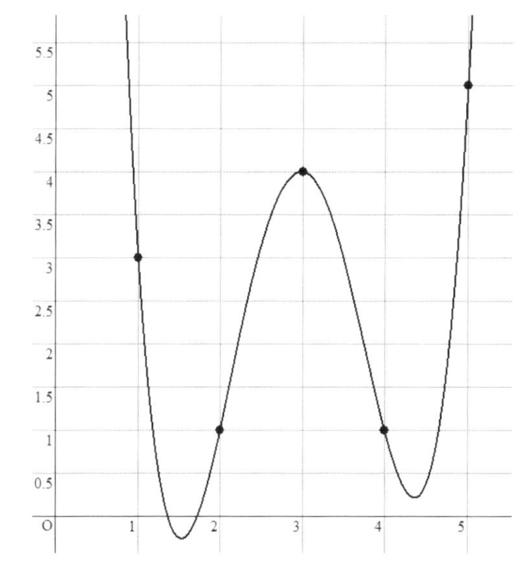

◆図1－25　$y=f(x)$ のグラフ

実際にやってみると、

3, 1, 4, 1, 5, 53, 206, 549, 1191, 2265, ……

となります。
すごい勢いで大きくなっていきますね！
これは、１つの式で値を考えることができます。
この式さえ見つけることができれば、あとは自動的に数字が予測できるのです。
AI くんが一番得意な考え方です。

３通りの「同様に」を考えました。
他にも色んな「同様に」が考えられます。
では、どれが正解なのでしょう？
答えは
『分からない』
です。
様々な「同様に」の中から何らかの基準で「コレ！」を決めるのがAIを作るということなのです。
だからこそ、AI の予測を盲信してはダメで、検証が必要になるのです。

「同様に」に関して面白い例があります。
「クワス算」というものです。
これは、ソール・クリプキという人が、ルートヴィヒ・ヴィトゲンシュタインの『私的言語論』という著作を説明するために作った、足し算の方式です。
足し算の計算方法を具体例で説明して、「同様に」で計算させると、おかしなことが起こる可能性を否定できません。
例えば、次のような 56 までの数字同士による足し算だけ教わったクワス星人のクワスくん。

1 + 1 = 2, ……, 1 + 56 = 57
2 + 1 = 3, ……, 2 + 56 = 58
……
56 + 1 = 57, ……, 56 + 56 = 112

そんなクワスくんが

57 + 65 = 5, 1 + 100 = 5

と答えたとしても、彼に非はありません！

教えた方からすれば、57以上の数字を使った計算に関しても、「(俺の論理と) 同様にやれ」と言いたいかもしれません。
しかし、教わっていない57以上の数字を使った計算結果については、例えば、

「一番好きな数字の5を答えることにしたんだ」

とクワスくんが主張しても、私たちは文句を言えません。つまりクワスくんは、

$x + y = ?$

について、**独自の計算ルール（クワス算）**:

- $x \leqq 56,\ y \leqq 56$ のときは、普通の足し算と同じ答え
- 1つでも57以上なら、5

を編み出しましたが、それは、クワスくんにとっては、教わった論理に矛盾せず、「同様」と思えるわけです。それでも、教えた者が、

「それでは俺が教えてやった計算方法と『同様に』になっていないじゃないか？」

と文句を言ったとします。
でも、そうしたら、もしかしたら、クワスくんは

「じゃあ、$1 + 1 = 2$ と $2 + 2 = 4$ がなぜ同様なのか、教えて」

と聞いてくるかもしれません。
何が「同様」なのか、つまり共通認識なのかは、案外難しいことなのです。
こんな話があります。ある女性が嫁いだ先の家で、
「コーヒーに砂糖を入れるのと同様に、納豆にも砂糖を入れるものだ」
と言われ、仰天しますが、旦那の家では、それを納得しない新婦に仰天しました。
この新婦がクワスくんの立場にいるのです。
では、クワスくんへの足し算の教育を、思いっきり厳密にして、こんな風に教えてみますか？

$x + 1$ は、x の次の整数
$x + 2$ は、2が1の次だから、$x + 1$ の次の整数
……
$x + a$ が分かっているとき、$x + (a + 1)$ は、$x + a$ の次の整数

もう、何が何だか……。
「同様に」を使わないのは難しいし、使っても恐ろしいし、大変ですね。

では、クワスくんの**「クワス算」をAIくんに教えてみましょう。**
うまく教えることができるでしょうか？

クワス算学習編

学習させるデータは、次のようなものを、足し算の場合などと同じ方法で作成しました。

	A	B	C
1	x__0:left_num	x__1:right_num	y__0:anser_num
2	77	86	5
3	6	50	56
4	78	12	5
5	70	61	5
6	62	34	5
7	13	33	46
8	71	54	5
9	35	44	79
10	30	32	62
11	64	95	5
12	88	50	5
13	59	90	5
14	91	2	5
15	44	35	79
16	76	7	5
17	69	66	5
18	93	49	5
19	87	100	5
20	48	41	89
21	69	10	5

◆図1－26　**クワス算用のCSVデータ**

x__0:left_num	足し算の左側の数字です。
x__1:right_num	足し算の右側の数字です。
y__0:anser_num	答です。

一番上の「77 + 86」、3つ目の「78 + 12」は、いずれか、あるいは、両方の数が57以上ですので、クワス算の法則に従い、答は5になる訳です。

このようなデータを500レコード用意し、学習用400（80%）、テスト用100（20%）に分けてAIくんに学習させました。

この何の役にも立たない計算ドリルには、思わずAIくんに感情移入し、「この計算、いったい何やねん！」と関西弁で文句を言いたくもなります。いや、本当に子供にこんなことをやらせたら虐待と言われかねません。

ネットワークモデルは、まず、次のような簡単なものでやってみました。

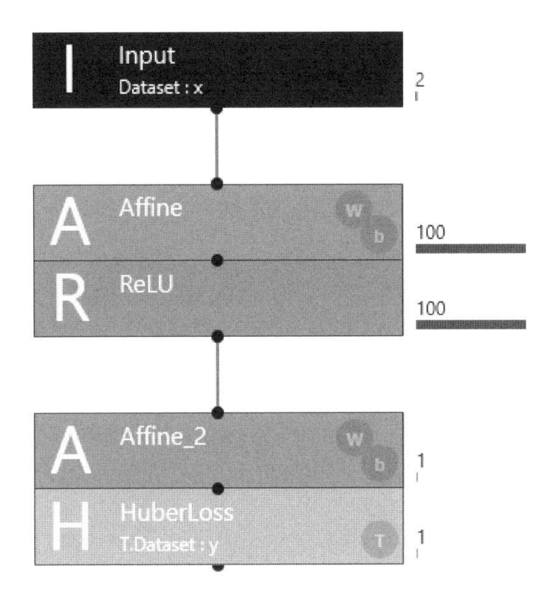

◆図1－27　クワス算用のネットワークモデル

NNC の学習曲線は次の通りです。

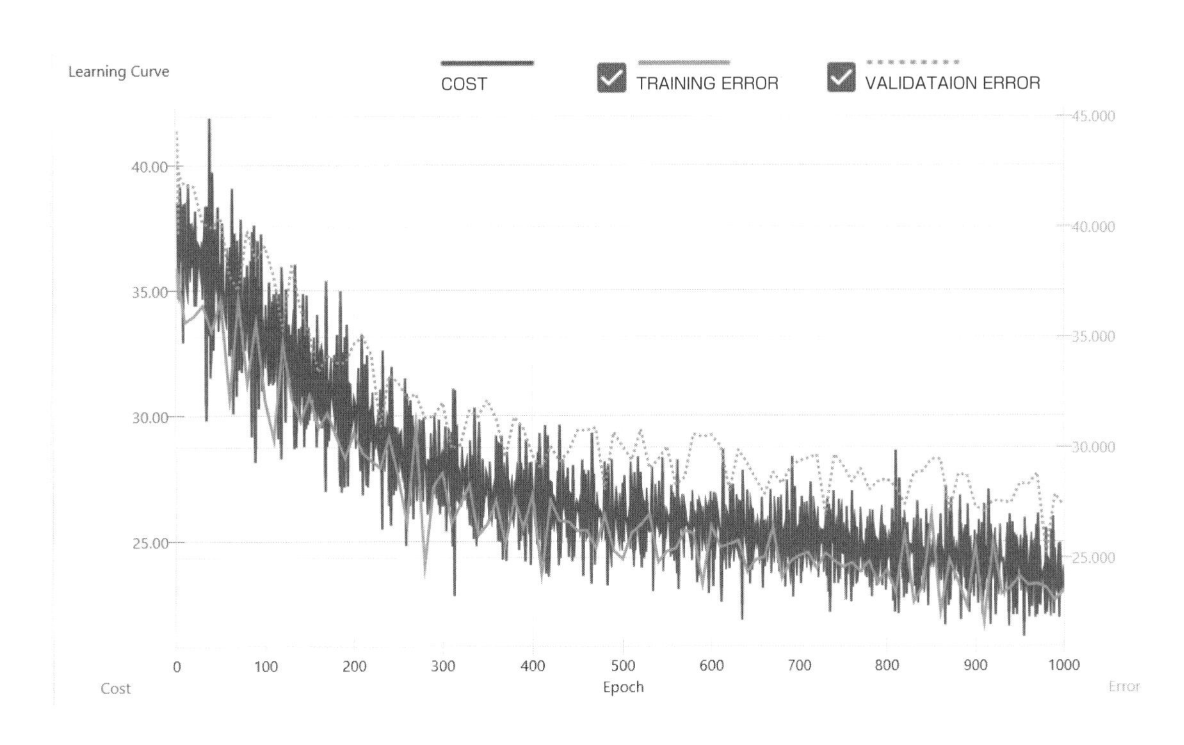

◆図1－28　クワス算 AI での学習曲線

1000回学習の苦行に、AIくんの悶えが感じられるグラフですね。
下が、AIくんの予測です。正解の「y__0:anser_num」と甚だしい違いがあることが分かります。
「スマン、AIくん！こんな計算できたって何の役にも立たないから」と慰め、とりあえず、
１ラウンド終了です。

	A	B	C	D
1	x__0:left_num	x__1:right_num	y__0:anser_num	AIの予測
2	24	4	28	32.40
3	77	67	5	11.03
4	38	94	5	2.82
5	38	13	51	38.80
6	32	37	69	45.46
7	60	27	5	28.62
8	82	37	5	11.78
9	31	21	52	46.92
10	6	72	5	12.43
11	28	45	73	40.60
12	11	53	64	30.45
13	24	63	5	23.03
14	62	15	5	26.29
15	21	53	74	32.46
16	78	31	5	15.55
17	4	36	40	39.32
18	54	51	105	26.13
19	29	28	57	50.70
20	2	67	5	22.61

◆図１－29　**クワス算AIの予測**

では、次に、レコードを3000にして、それを学習用2400（80%）とテスト用600（20%）に分け、
さっきと同じネットワークモデルで実施した学習曲線が以下のものです。

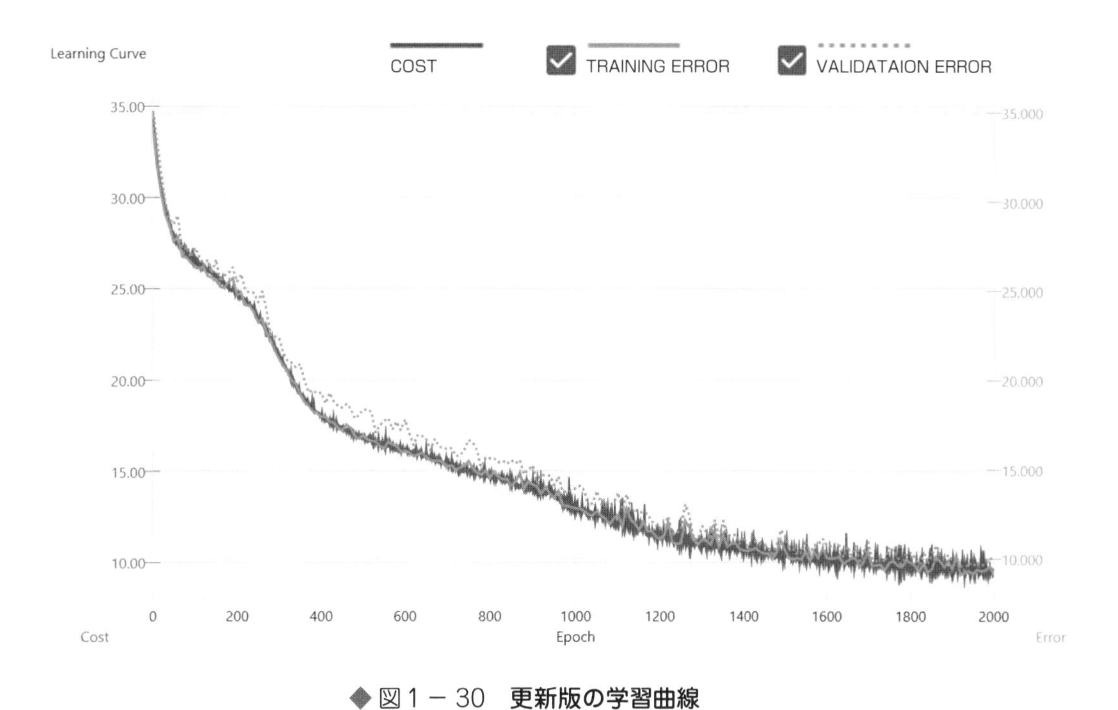

◆図1－30　**更新版の学習曲線**

かなり収束してきましたが、縦軸の数字が示す通り、誤差が大きめです。
AI くんの推測は以下の通りです。沢山の学習の甲斐あって健闘したと言いたい気持ちもありますが、微妙ですね。

	A	B	C	D
1	x__0:left_num	x__1:right_num	y__0:anser_num	AIの推測
2	43	10	53	52.01
3	91	97	5	4.46
4	49	26	75	66.80
5	65	28	5	12.62
6	20	43	63	63.81
7	46	13	59	57.63
8	3	2	5	5.16
9	66	88	5	3.07
10	96	94	5	5.16
11	7	38	45	46.18
12	52	37	89	63.01
13	73	82	5	4.48
14	16	75	5	4.30
15	84	92	5	4.38
16	83	10	5	4.99
17	97	28	5	8.45
18	78	46	5	5.62
19	51	3	54	44.86
20	65	72	5	4.35
21	38	75	5	3.48
22	81	60	5	4.75
23	97	56	5	6.53
24	90	93	5	4.78
25	34	56	90	38.92

◆図1－31　**更新版のAIの予測**

クワス算で特に重要になる、56, 57周辺の数字を含む問題ばかりを解かせると、次のようなことになってしまっていました。

	A	B	C	D
1	x__0:left_num	x__1:right_num	y__0:anser_num	AIの推測
2	50	1	51	46.10
3	51	2	53	44.62
4	52	3	55	43.03
5	53	4	57	41.03
6	54	5	59	39.03
7	55	6	61	36.85
8	56	7	63	33.60
9	57	8	5	29.94
10	58	9	5	26.28
11	59	10	5	22.62
12	60	11	5	18.95
13	61	12	5	15.29
14	62	13	5	11.63
15	50	50	100	50.40
16	51	51	102	43.56
17	52	52	104	37.83
18	53	53	106	31.80
19	54	54	108	25.18
20	55	55	110	19.08
21	56	56	112	14.33
22	57	57	5	9.88
23	58	58	5	7.71
24	59	59	5	6.69
25	60	60	5	5.67
26	61	61	5	4.66
27	62	62	5	4.32

◆図1－32　**56，57周辺の数を含むもの**

この範囲では、普通にできるはずの足し算（2つの数が共に57未満）にも、クワス算独自の法則の悪影響がかなり出てしまっています（例えば、51＋2＝44.62）。
これでクワス星に行くと、AIくんは絶対に落第で、私は家庭教育の責任を取らされます。
そこで、次のモデルで、10000のデータで2000回の繰り返しを実施したところ、全体としては良い結果が出ました。

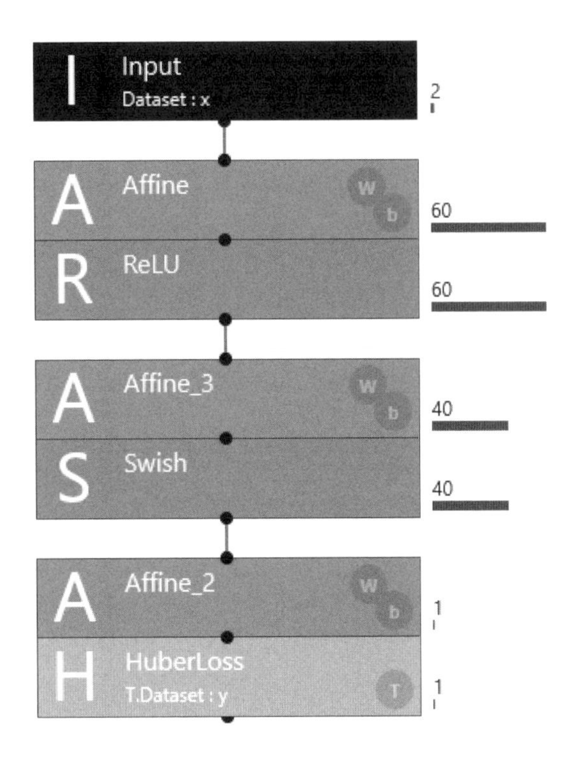

◆図1－33　さらに更新したネットワークモデル

	A	B	C	D
1	x__0:left_num	x__1:right_num	y__0:anser_num	AIの推測
2	50	1	51	51.83
3	51	2	53	53.8
4	52	3	55	55.73
5	53	4	57	57.65
6	54	5	59	59.51
7	55	6	61	61.31
8	56	7	63	66.28
9	57	8	5	31.15
10	58	9	5	5.3
11	59	10	5	5.15
12	60	11	5	5.03
13	61	12	5	4.99
14	62	13	5	4.97
15	50	50	100	99.5
16	51	51	102	101.15
17	52	52	104	102.82
18	53	53	106	104.75
19	54	54	108	107.42
20	55	55	110	112.31
21	56	56	112	76.24
22	57	57	5	7.24
23	58	58	5	5.61
24	59	59	5	4.79
25	60	60	5	4.9
26	61	61	5	5.09
27	62	62	5	5.08

◆図1－34　**さらに更新したAIの予測**

上図のように、56前後でも、かなり良くなりましたが、56同士（左端に21と書かれた行）が特に駄目で（56+56=76.24）、その他もいくらか（あるいはかなり）誤差があります。
そこで、最終的に次のような隠れ層6層のモデルを作りました。いわゆる深層化です。

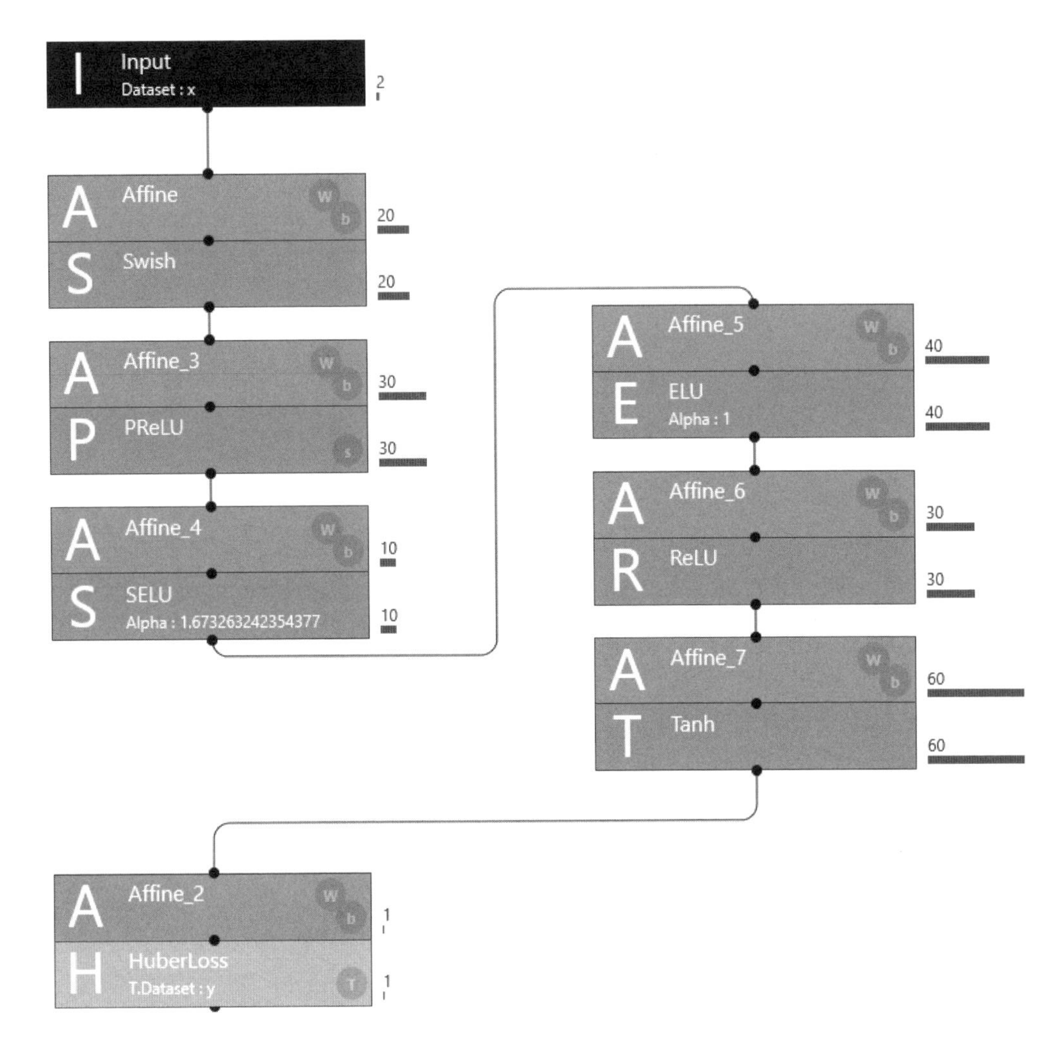

◆図1－35　**深層化した最終モデル**

次のページの図のように、まずまずの（かなりの？）出来と思います。

クワス算での完璧さを探究する意図はありませんので、このあたりで学習を終えたいと思います。「AIくん、お疲れ様」とねぎらっておきました。

	A	B	C	D
1	x__0:left_num	x__1:right_num	y__0:anser_num	AIの推測
2	50	1	51	50.50
3	51	2	53	53.38
4	52	3	55	54.90
5	53	4	57	56.92
6	54	5	59	58.35
7	55	6	61	60.62
8	56	7	63	62.51
9	57	8	5	5.00
10	58	9	5	5.00
11	59	10	5	5.00
12	60	11	5	5.00
13	61	12	5	5.00
14	62	13	5	5.00
15	50	50	100	100.52
16	51	51	102	101.88
17	52	52	104	103.82
18	53	53	106	105.58
19	54	54	108	107.83
20	55	55	110	110.03
21	56	56	112	110.58
22	57	57	5	5.00
23	58	58	5	5.00
24	59	59	5	5.00
25	60	60	5	5.00
26	61	61	5	5.00
27	62	62	5	5.00

◆図1－36　深層化した最終モデルでのAIの予測

人間であれば、クワス算の法則を言葉で伝えれば、即座に、容易く計算できますが、AIくんにクワス算をやらせるには、このように大変に手間がかかりました。
GoogleのAIも、初め、猫の画像を猫と認識するには、膨大なデータを学習したようです。
しかし、その後、AIの画像認識技術は進歩し、写真や動画から個人を識別することも可能になりましたし、これはプライバシー的に微妙な面を含みますが、顔写真から、犯罪者である、あるいは、犯罪者になる可能性を推測させる研究も行われていると聞きます。

クワス算については、上のものよりもっと良いネットワークモデルを作ったり、学習量を増やせば、AI くんは完璧にマスターする可能性が高いと思います。
誰も重要な場で使おうとは考えないはずのクワス算なら、ただのお遊びで済むかもしれません。
しかし、そのように無理矢理に AI に学ばせたことが、悪い結果になることもあるのではと思われます。
例えば、「偏見のあるデータを学ばせると AI は偏見を持つ」可能性については認識されているのではないかと思います。
実際に、個人の運命を決めてしまいかねないような判断を AI にやらせたところ、AI に差別的判断があった可能性があると指摘されたこともあります。
そして、そのようなことが無いように AI を監視する責任は専門家だけに課されるものではないと思えるのです。
この AI くんのクワス算の学習を通じ、AI が偏見を持ったり、予想外の好ましくない挙動をする危険を具体的に感じられないかなと思います。

既に社会の隅々にまで入り込み、今後、さらに能力や、おそらく、権限も増す AI。
教える内容によっては、本当にディストピア（反ユートピア。暗黒郷）を作ってしまうことがないとも言えません。

1-3 AIに素数や偶数奇数の判定をやらせてみたが…

前節までで、筆者達は、AIを通じて思い込みの怖さを痛感できました。
次は、「AIはスゴイのだから、素数くらいは簡単に理解するだろう」という思い込みがあるかもしれませんが、それについて考えます。実際、それは困難なことで有名で……

とりあえず素数に挑戦（無駄と知りつつ？）

今回も、足し算、掛け算の時と同様、Excel上に、次のような素数データを、学習用に800レコード、テスト用に200レコード作成しました。

	A	B
1	x__0:num	y__0:prime
2	7174	0
3	2741	1
4	282	0
5	9306	0
6	4167	0
7	3161	0
8	7325	0
9	5769	0
10	4508	0
11	5450	0
12	3019	1
13	3503	0
14	9353	0
15	9267	0
16	9013	1
17	5690	0
18	4789	1
19	9475	0
20	1340	0

◆図1－37　素数判定用のCSV

x__0:numは、乱数で発生させた、0から9999までの数字です。
y__0:primeは、x__0:numが素数なら1、素数でなければ0です。
※この素数データ作成VBAプログラムは後述します。

ただ、後に記述したコラムの「AIと素数」をご覧いただければ解る通り、素数の機械学習による判定は、最初からまず不可能と考えました。
そうは言いましても、素数判定のための数多くの機械学習モデルを作成し、それによる長時間の機械学習を実行してみました。データを10000（学習用8000、テスト2000）に増やしてもみました。その結果、予想通り不可能と結論しました。我々のAIには、数字を素数か素数でないか判定することは全くできませんでした。

それで終わり……でも良いと思いましたが、素数の判定はできなくても、偶数・奇数の判定くらいはできないかと考えました。少しNNCに慣れた人であれば、「そんなの楽勝」と思うかもしれません。筆者達2人もそう思っていましたが……

そのような訳で、次項から、偶数・奇数の判定に挑みましょう。

偶数・奇数判定（そんなの楽勝？）

上の素数と同じく、Excelで機械学習用データを作るところから始めます。

	A	B
1	x__0:num	y__0:odd
2	5160	0
3	3050	0
4	6552	0
5	8904	0
6	150	0
7	885	1
8	7130	0
9	7416	0
10	6371	1
11	9440	0
12	2309	1
13	1852	0
14	5644	0
15	6380	0
16	9715	1
17	7461	1
18	7844	0
19	5202	0
20	9481	1
21	1963	1

◆図1－38　偶奇判定用のCSV

x__0:num は、乱数で発生させた 0 から 9999 までの数字です。
y__0:odd は、奇数であれば 1、偶数であれば 0 です。

このようなデータを 1000 レコード（学習用 800、テスト用 200）作成しました。

この問題のように、「奇数か偶数か」、あるいは、先程の「素数か素数でないか」といった、２つの分類に分けることを「２値分類」と言います（２項分類、２クラス分類とも言う）。
図 1-38 の「y__0:odd」は、0（偶数）、1（奇数）で分類されていますよね。
このように、コンピューターの世界では、0 を False（偽）、0 以外（1 や -1 を使う場合が多い）を True（真）とすることが一般的に行われています。
今回の偶数奇数判定では、次のネットワークモデルを作りました。

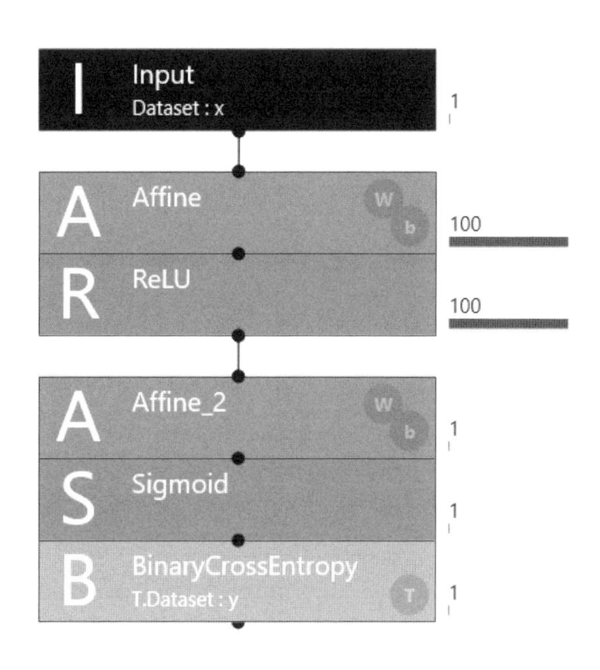

◆図１－39　２値分類による偶奇判定用のネットワークモデル

このように、２値分類問題では、活性化関数にSigmoid、損失関数にBinaryCrossEntropyを使うのが定石です。
しかし、(またもですが) 実験結果を示さず、結論だけ述べます。
偶数奇数判定も機械学習では難しく、素数判定並にうまくいきませんでした。
けれども、素数判定に続き、「駄目でした。終わり」ではつまらないですので、色々試してみることにします。それで何か分かるかもしれません。
そこで、オーソドックスな２値分類問題とするのを諦め、少し遊んでみようと思います。
ただ、２値分類問題には、上のネットワークモデルで示されるような方法を使うのが原則であるということはご留意ください。このことは、NNCのマニュアルの最初の方にある、MNIST画像判定問題（４と９の判定）をご覧になれば分かると思います。

補足 Sigmoid と BinaryCrossEntropy

数学的に言うと,「Sigmoid」は出力値が０と１の間となる関数で、得られる数値を「確率」と見なすことができます。
さらに、「BinaryCrossEntropy」は、全体としての確率の誤差を最小にすることを目指すときに使うものです。
ちなみに、コラム１で数学講師の筆者が間違って使った「Softmax+CategoricalCrossEntropy」は、多値分類問題で使うセットです。

そこで、次のようなネットワークモデルを作成しました。

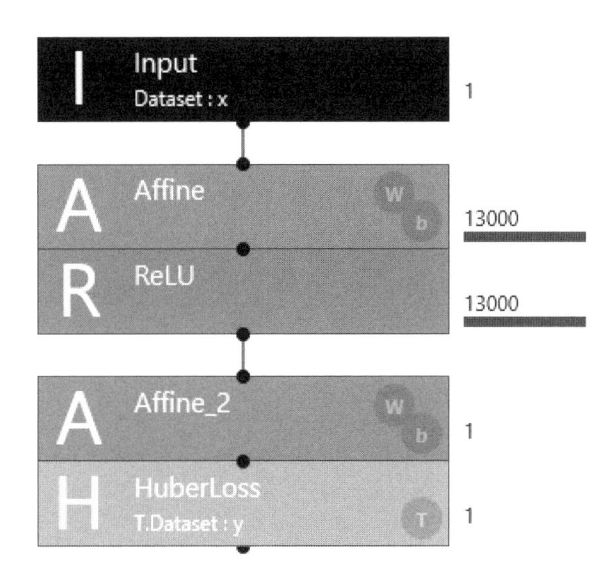

◆図1－40　改変した偶奇判定用のネットワークモデル

出力する値として大きな値もとれるように「Sigmoid」は入れず、確率の誤差ではないから「HuberLoss」にしています。
これは「2乗誤差」に近いですが、ある程度誤差が大きいところは「1次式」で誤差を評価するものです。
ハズレ値の影響が小さくなって、学習が安定するようです。

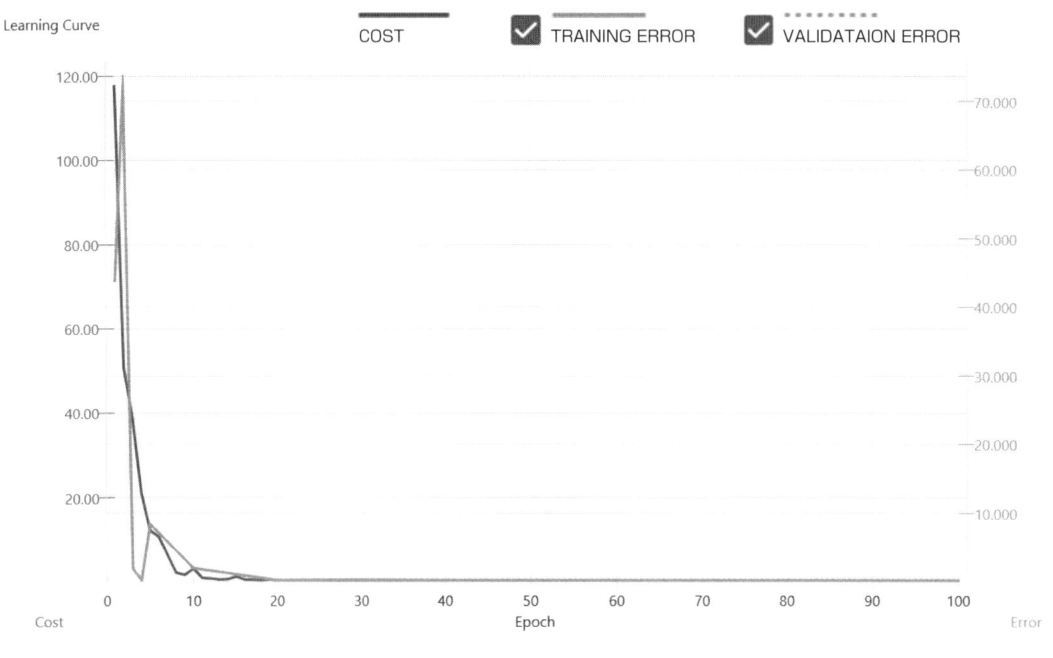

◆図1－41　偶奇判定用 AI の学習曲線

かなり収束し、学習はうまくいったように思われます。
30 回以降のグラフを縦方向に拡大しましたら、次のようで、誤差は僅かと思われます。

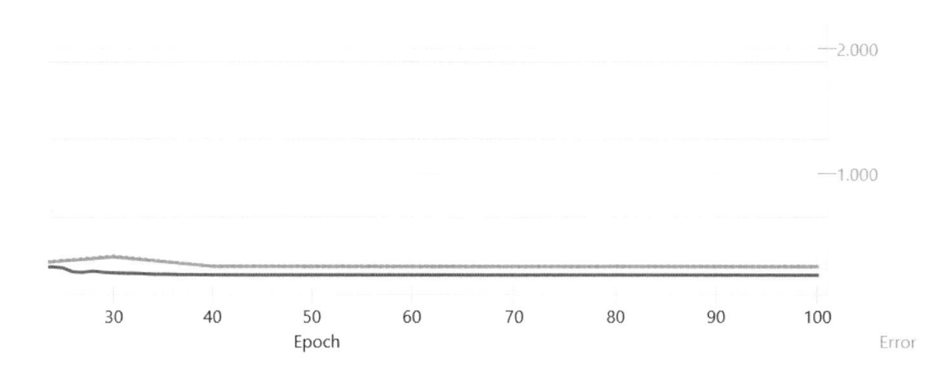

◆図1－42　偶奇判定用 AI の学習曲線を拡大表示

ところが、Evaluation を実施し、テストデータでの AI の推測をセーブしたデータは次のようになっていました。

	A	B	C
1	x__0:num	y__0:odd	AIの推測
2	9006	0	0.51
3	146	0	0.51
4	9367	1	0.51
5	8155	1	0.51
6	9309	1	0.51
7	2667	1	0.51
8	4013	1	0.51
9	89	1	0.51
10	8392	0	0.51
11	3260	0	0.51
12	1199	1	0.51
13	4128	0	0.51
14	1982	0	0.51
15	7874	0	0.51
16	3708	0	0.51
17	52	0	0.51
18	6360	0	0.51
19	786	0	0.51
20	9329	1	0.51
21	2613	1	0.51
22	2898	0	0.51
23	1011	1	0.51
24	1646	0	0.51
25	9190	0	0.51
26	5083	1	0.51

◆図1－43　**偶奇判定 AI の予測**

なんと AI は、偶数と奇数を全く区別することができていませんでした。
ところで、上の表で、誤差については、次のように見ます。
誤差は偶数(y__0:oddが0)なら0.51ですが、奇数(y__0:oddが1)では1 − 0.51 = 0.49です。そして、実は、ERRORで計算しているのは誤差の2乗なので、それぞれ、

$$(0.51)^2 = 0.2601,\ (0.49)^2 = 0.2401$$

です。確かに、グラフではERRORが0.25くらいで、キレイに収束しているように見えますが、このモデルでERROR = 0.25はまったく意味がないものなのです。
上の表を見ても、AIの推測がまさに偶数(=0)でも奇数(=1)でもない値（≒ 0.5）を示しているのですから。

キレイなグラフになったのに予測がまったくうまくいかないときは、こういう現象が起こっていると考えると良いでしょう。
「うまくいったはず」と思ったらまったくダメ。
精神的なダメージを引きずりつつも、次々と実験を行いました。
様々なモデル（多層の複雑なものも含む）を作り、繰り返し回数を増やす（Max Epochを大きくする）などして、かなり時間をかけてトライしましたが、AIが実用的に偶数・奇数を識別する様子は見られませんでした。
しびれを切らして、数値の桁数を2桁（0から99）に減らしてみましたが、それでも状況はほとんど変わりませんでした。
そこで、やむなく、1桁でやってみました。こんなデータです。

	A	B
1	x__0:num	y__0:odd
2	5	1
3	0	0
4	3	1
5	6	0
6	0	0
7	2	0
8	3	1
9	7	1
10	3	1
11	8	0
12	5	1
13	7	1
14	7	1
15	2	0

◆図1－44　1桁での偶奇判定用のCSV

こんな単純なデータを使っても、AIはなかなか偶数・奇数判定をうまくできませんでした。
そんなバカな、何てことでしょう……
もうこれで本当に最後。
うまくいかなかったら諦めよう。
次のモデルで、Max Epoch（最大繰り返し回数）を600にしてやってみました。
驚異の18000ノードです。
たった10個の数の偶数・奇数を判定するために……

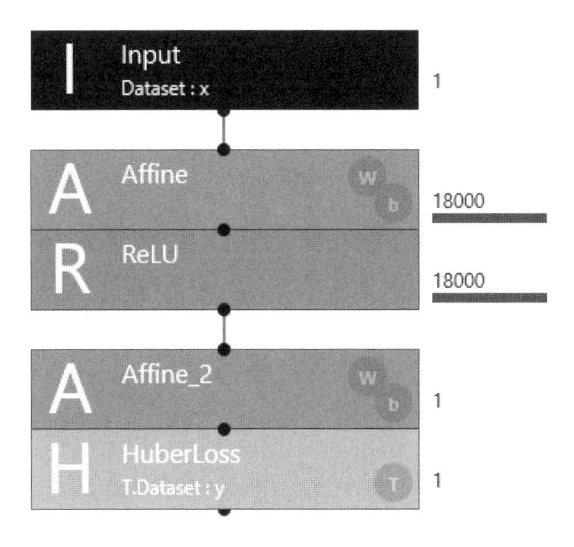

◆図1－45　1桁での偶奇判定用のネットワークモデル

学習グラフは次の通りです。

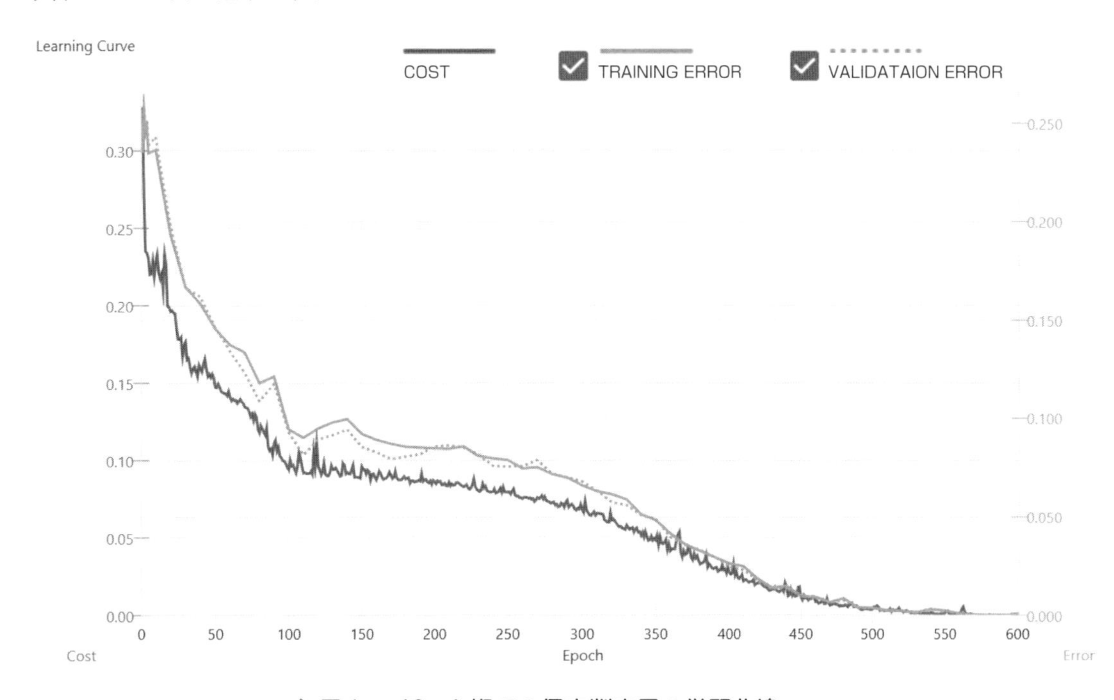

◆図1－46　1桁での偶奇判定用の学習曲線

グラフの最後の部分を拡大して確認すると（下図）、最終的な誤差もほとんどありません。これは期待できそうです。

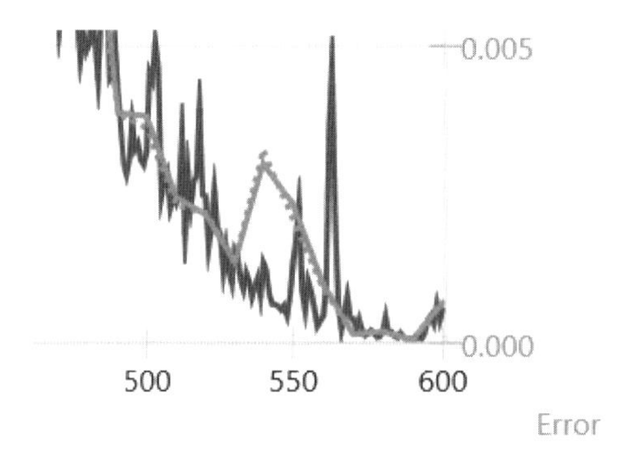

◆図1－47　1桁での偶奇判定用の学習曲線の拡大版

そして、Evaluationを実施して得られた推測データはコレだ！

	A	B	C
1	x__0:num	y__0:odd	AIの推測
2	2	0	0.01
3	4	0	0.00
4	4	0	0.00
5	8	0	0.01
6	1	1	1.00
7	5	1	1.00
8	2	0	0.01
9	0	0	0.00
10	5	1	1.00
11	5	1	1.00
12	6	0	0.02
13	2	0	0.01
14	3	1	1.00
15	5	1	1.00
16	7	1	1.00
17	1	1	1.00
18	7	1	1.00
19	4	0	0.00
20	4	0	0.00
21	2	0	0.01
22	4	0	0.00
23	6	0	0.02

◆図1－48　1桁での偶奇判定用AIの予測

この通り、1桁の数字でようやく、AIは偶数・奇数判定に成功しました！
はい、ツッコミがあるのは分かっております。
0から9までの数字しかないのですから、AIは、偶数･奇数に関する何らかの性質、あるいは、特徴を発見した訳ではなく、ただ、「数字と判定（0か1）の組み合わせ」を覚えただけと思われます。
筆者が使っているコンピューターの性能の問題（Intel Core i5、GPUなし）もあり、ノード数や階層数、繰り返し回数を極端に増やすことは不可能ですが、超高性能なコンピューターがあれば、もっと桁数の多い数での偶数・奇数判定も可能かもしれません。
しかし、やはり、そのようなやり方では、AIは、偶数と奇数の論理的な違いを発見することはないと思われます。
考えてみれば､偶数と奇数の違いは､状況によっては重要ですが､どうでもいい場合もあります。
茶碗の米粒の631個と632個の違いは何の問題にもなりません。2個のケーキを3人で分けるとしても､各ケーキをそれぞれ3等分し(そんなことができるスマホアプリがあるのご存じ？)､1人に2片ずつ与えれば良いというふうに、工夫をすれば、ケーキの個数が偶数か奇数かも問題ありません。
AIくんは、きっとそういう深いことを教えてくれているのです……は、まあ、こじつけですが、偶数と奇数の違いだけで、哲学が1つできそうで、それをAIくんに気楽にさせようとしたことが間違いかもしれません。

ともかく、偶数・奇数の判定ですら難しいのですから、それとは比較にならないくらい困難な素数の判定は現実的でないことが解ります。
そのことに関しては、是非、後のコラム「AIと素数」を読んでいただきたいと思います。

補足 正統的な2値分類問題の手法で実施した結果

参考のために、今回は敢えて放棄した、2値分類問題のセオリー通りのやり方である、Sigmoid関数とBinaryCrossEntropy関数を使った1桁の数値の偶奇判定の実験を示します。
ネットワークモデルは、次のようにしました。

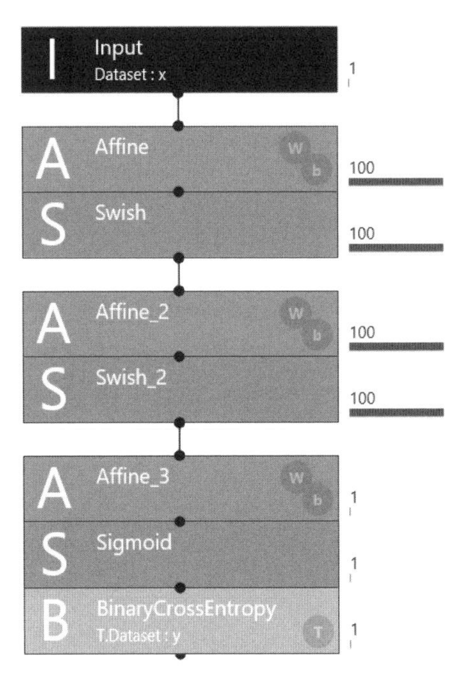

◆図1－49　2値分類問題の正統的なネットワーク図

1桁の整数を学習用800、テスト用200レコード用意し、Max Epochを400、Batch Sizeは32で実施しました。Training実施の様子は以下の通りです。

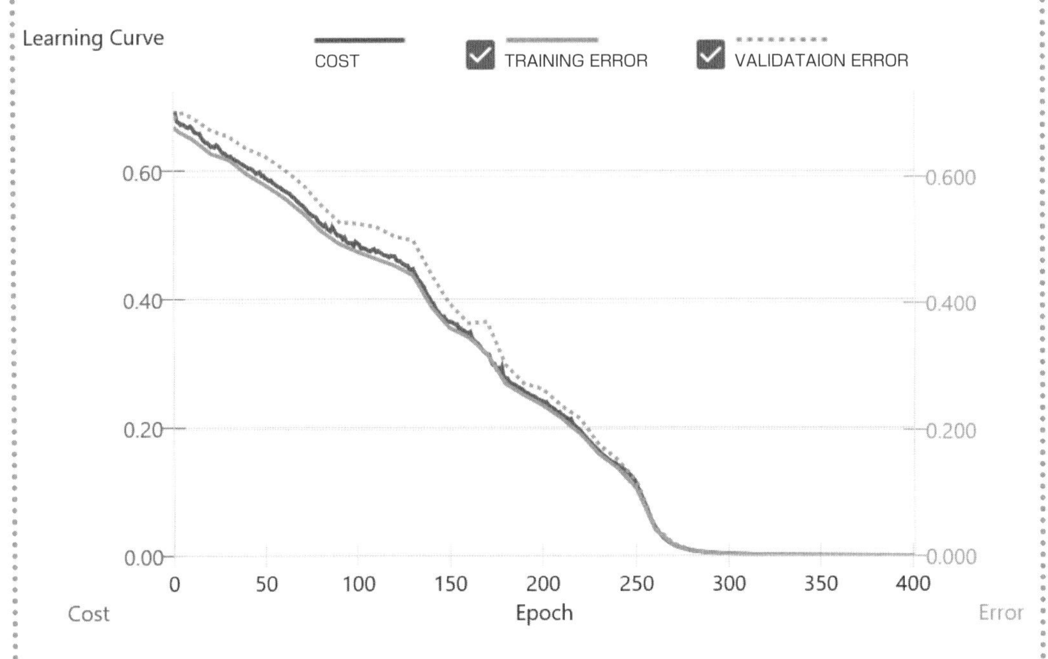

◆図1－50　1桁での偶奇判定用AI（BinaryCrossEntropy使用版）の学習曲線

	A	B	C
1	x__0:num	y__0:odd	y'
2	3	1	0.99997
3	8	0	0.00076
4	1	1	0.99999
5	0	0	0.00000
6	0	0	0.00000
7	1	1	0.99999
8	6	0	0.00044
9	1	1	0.99999
10	2	0	0.00001
11	0	0	0.00000
12	8	0	0.00076
13	7	1	0.99884
14	7	1	0.99884
15	2	0	0.00001
16	1	1	0.99999
17	1	1	0.99999
18	8	0	0.00076
19	4	0	0.00006

◆図１－51　１桁での偶奇判定用 AI（BinaryCrossEntropy 使用版）の予測

Evaluation を実施して得た推測（表の y' 列）は、正解である「y__0:odd」とほぼ一致しています。ただし、これも、先程と同じく、AI は推測したのではなく、「答を覚えた」ような雰囲気だと思われます。

以下は、NNC に入っている偶数・奇数判定に役立つ関数について参考程度に説明しますので、良ければご覧ください。変わった関数を紹介するコーナーなので、不要な方はスルーしてください。

偶数・奇数を判定する式は、NNC に組み込まれた関数 Floor（小数点以下切り捨て）を用いたら簡単に作れます。

$$x - 2 \times \mathrm{Floor}\left(\frac{x}{2}\right)$$

です。これは x が偶数なら 0、奇数なら 1 という値をとります。

これを利用できるのではないかと色々実験しましたが、うまくはいきませんでした。

Inputを直接Floorに入れるのではなく、いったんAffineに入れて係数の $\frac{1}{2}$ を決定する必要があります。この係数を見つけるのが難しいのだろうと推測しています。
他にも

$$\frac{\cos(x\pi)+1}{2}$$

という式でも同じことができます。これも組み込まれた関数CosとAffineの組み合わせなのですが、いくら実験しても、やっぱり見つけてくれませんでした。係数の π を特定するのが難しいのか……
人にとってシンプルな式で計算できるからといって、AIが簡単にその式を見つけられるとは限りません。どうも向いていないみたいです。
しかし、うまくいかなかったのは、筆者の知識不足のせいかもしれません。
うまくこれらの関数を利用して偶数・奇数判定を成功させることはできるかもしれません。
良い方法があれば、ぜひとも教えてください！
次回作に掲載します。

ということで、まとめに入ります。
偶数・奇数判定は、Excelなら = mod(x, 2) だけで良いのに……
ちょっとしたプログラミングができる人にとっては、素数の判定もそれほど難しくはありません。繰り返し計算を行うように組み立てると、いとも簡単に x が素数かどうかを判定できます。
偶数・奇数を判定できないAIとは大違い。
もちろん、プログラミングではできないけれどAIにはできることがたくさんあります！
本書でも、苦手なことばかりやらせるAIイジメはこれくらいにして、AIでなければならないことをやっていきます。
AIの面白さ、素晴らしさ、有用性を感じてもらえることと思います。
お楽しみに！

では最後に、データ作成のコーナーです。

補足 Excel + VBAによる素数学習データの作り方

ExcelのSheet1を次のようにします。「問題作成」はコマンドボタンです。
※実際のやり方はExcelのマニュアルや、インターネットで「Excel コマンドボタン」等で検索していただければと思います。

	A	B	C	D
1				
2				
3		問題作成		
4				
5				
6				
7		訓練数	800	
8		テスト数	200	
9				
10		最小数	0	
11		最大数	9999	
12				
13				

◆図1－52　Excel＋VBAによる素数学習データの作り方①

Sheet2 および Sheet3 は次のようにします。1 行目の A と B のセルに「x__0:num」「y__0:prime」と書くだけです。

	A	B	C	D
1	x__0:num	y__0:prime		
2				
3				
4				
5				
6				
7				
8				
9				

◆図1－53　Excel＋VBAによる素数学習データの作り方②

次に、デザインモードで「問題作成」ボタンをダブルクリックし、次のプログラムを書き込みます。

```
Private Sub CommandButton1_Click()

    Dim lng_count As Long         'カウンタ
    Dim lng_train As Long         '訓練データ数
    Dim lng_test As Long          'テストデータ数
    Dim lng_min_num As Long       '最小数
    Dim lng_max_num As Long       '最大数
    Dim lng_num As Long           '数字
    Dim int_prime As Integer      '素数か（1.素数 0.素数でない）

    lng_train = Range("C7").Value        '学習用レコード数
    lng_test = Range("C8").Value         '訓練用レコード数

    lng_min_num = Range("C10").Value     '最小数
    lng_max_num = Range("C11").Value     '最大数

    Worksheets("Sheet2").Range(("A2"), ("B100000")) = ""
    Worksheets("Sheet3").Range(("A2"), ("B100000")) = ""

    Randomize

    For lng_count = 1 To lng_train

        'lng_min_numからlng_max_numの間の数字発生
        lng_num = Int((lng_max_num - lng_min_num + 1) * Rnd  _
                      + lng_min_num)

        If Prime(lng_num) Then

            int_prime = 1         '素数なら1、素数でなければ0

        Else

            int_prime = 0         '素数なら1、素数でなければ0

```

```
        End If

        'セルに書き込む
        Worksheets("Sheet2").Cells(1 + lng_count, 1) = lng_num
        Worksheets("Sheet2").Cells(1 + lng_count, 2) = int_prime

    Next

    For lng_count = 1 To lng_test

        'lng_min_numからlng_max_numの間の数字発生
        lng_num = Int((lng_max_num - lng_min_num + 1) * Rnd +  _
                    lng_min_num)

        If Prime(lng_num) Then

            int_prime = 1        '素数なら1、素数でなければ0

        Else

            int_prime = 0        '素数なら1、素数でなければ0

        End If

        'セルに書き込む
        Worksheets("Sheet3").Cells(1 + lng_count, 1) = lng_num
        Worksheets("Sheet3").Cells(1 + lng_count, 2) = int_prime

    Next

End Sub
```

このプログラムの下に次のように打ち込みます。

これが、素数を判定する関数になります。機械学習では非常に困難な素数判定も、プログラミングであれば、こんなに短いプログラムで確実に出来ます。
問題解決のために、AIとプログラミングを使い分ける必要があることが感じられると思います。
簡単に言えば、AIは推測問題を、プログラミングは、推測ではない、アルゴリズムに則った論理的解決に活用するのだと言えると思います。

```
'素数判定ファンクション
Private Function Prime(lng_num As Long) As Integer

    Dim lng_count As Long

    Prime = False

    If lng_num <= 1 Then Exit Function      '0,1は素数でない

    For lng_count = 2 To Int(Sqr(lng_num))

        If lng_num Mod lng_count = 0 Then

            Exit Function                   '素数でない

        End If

    Next

    Prime = True

End Function
```

コラム2

AIと素数（Mr. ø）

AIに**素数判定**は可能なのでしょうか？　つまり、ある自然数が素数かどうかを正しく判定するAIはあるのでしょうか？
これまでにも多くのチャレンジがなされてきたようですが、あまりうまくいった例はないようです。
その理由は、素数の配列に法則が見出せないからだろうと考えられます。
実際、素数の配列の法則が分かれば、世紀の難問**「リーマン予想」**が証明できるかもしれません。リーマン予想については

『リーマン予想の今，そして解決への展望』黒川信重（技術評論社，2019）

など、関連する本がたくさんあります。
リーマンゼータ関数（ζ＝ゼータ・ギリシャ文字）と呼ばれる

$$\zeta(s)=\frac{1}{1^s}+\frac{1}{2^s}+\frac{1}{3^s}+\frac{1}{4^s}+\frac{1}{5^s}+\cdots\cdots$$

の値が0になるところを調べる問題です。正しくは、これを拡大解釈して得られる関数のことを考えます。
「こんなものを調べて何の意味があるの？」と思いませんか？
数学的に重要とは言え、数学に関心がない人にはまったく価値を見出せないかもしれません。
では、こんな説明ではどうでしょう？
リーマン予想は、アメリカのクレイ研究所が100万ドルの懸賞金をかけている7つのミレニアム問題の1つです。
2000年にこの研究所が発表したもので、1つの問題を解くだけで、100万ドル！
何と夢のある話ではないでしょうか？

余談になりますが、7つのミレニアム問題のうち解かれたのは1つ、「ポアンカレ予想」だけです。
この問題を作ったアンリ・ポアンカレ（1854-1912）はフランスの数学者で、ポアンカレ予想は、「“宇宙の形”が球の仲間であることを決定するためにはどうしたら良いか？」という意味をもつ難問です。

1904年に作られて、解かれたのは約100年後。
解いたのはロシアの数学者グリゴリー・ペレルマンで、もっとすごいことを証明しました。
「宇宙は適当に分割するとキレイなパーツに分けることができる」という幾何化予想というものを解いてしまったのです。
それだけの天才の思考は常人では理解できないところもあり、クレイ研究所からの懸賞金は受け取らず、数学界のノーベル賞とも言われるフィールズ賞も辞退したそうです。
詳細については、

『低次元の幾何からポアンカレ予想へ　～世紀の難問が解決されるまで～』
市原一裕（技術評論社，2019）

などを参照してください。とても面白いです。

では、リーマン予想に話を戻しましょう。

$$\zeta(s)=\frac{1}{1^s}+\frac{1}{2^s}+\frac{1}{3^s}+\frac{1}{4^s}+\frac{1}{5^s}+\cdots\cdots$$

と書きましたが、これは

$$\zeta(s)=\frac{1}{\left(1-\frac{1}{2^s}\right)\times\left(1-\frac{1}{3^s}\right)\times\left(1-\frac{1}{5^s}\right)\times\left(1-\frac{1}{7^s}\right)\times\left(1-\frac{1}{11^s}\right)\cdots\cdots}$$

とも書くことができます。分母には素数

$$2,\ 3,\ 5,\ 7,\ 11,\ \cdots\cdots$$

が現れています。この形は、発見した人にちなみ、オイラー積と呼ばれます。
数学好きの人にとっては有名な、レオンハルト・オイラー（1707-1783）です。
このようにして、素数とリーマン予想の関連性を垣間みることができます。
素数は数学の重要な曲面で顔を出してくるのです。
もしもAIを使ったアプローチが考えられるようになると、数学の世界に大きな変化が生まれるでしょう。

では、素数の配列について、どんなことが分かっているでしょう？
改めて素数について思い出しましょう。

1は素数ではないと考えます。これはルールなので、そういうこととしてください。

2, 3, 5, 7, 11, ……

が素数です。1以外の他の自然数で割り切れないからです。一方

$4=2\times 2,\ 6=2\times 3,\ 8=2\times 2\times 2,\ 9=3\times 3$

は素数ではありません。続く素数は

13, 17, 21, ……

です。素数はそんなに頻繁に現れるものではありません。
素数以外は素因数分解で素数の積になるのでした。

$4=2\times 2,\ 6=2\times 3,\ 8=2\times 2\times 2,\ 9=3\times 3$

自然数を構成する基本パーツが素数です。
素数大好きな人の話は、有名な

『博士の愛した数式』小川洋子（新潮社）

での博士と家政婦の会話シーンにも登場します。引用してみましょう。

「君の電話番号は何番かね」
「576の1455です」
「5761455だって？ 素晴らしいじゃないか。1億までの間に存在する素数の個数に等しいとは」

ここまで素数を愛する人はごく少数ですが、数字を見たときに素数かどうか考えてしまう人は案外多いですし、ロッカーを選ぶときには番号が素数のものにしたりしますね。

少し難しい話になりますが、実は極限を考えると整数全体の中で素数がどれくらいの割合で含まれているかは分かっています。
素数定理

$$\frac{\pi(x)}{x}\sim\frac{1}{\log x}$$

が有名です（$\pi(x)$ は x 以下の素数の個数、log は自然対数）。
解釈としては、x 以下で考えると素数の存在確率は $\frac{1}{\log x}$ くらいだ、となります。

xがどこまでも大きくなるとこの値はどこまでも0に近づきます。素数は少ないのです。
ちなみに、先ほどの「博士」の例から、1億までに素数が5761455個あるということでしたが、素数定理の式でいうと、$\pi(100000000) = 5761455$ということです。

$\dfrac{\pi(x)}{x} \sim \dfrac{1}{\log x}$ の意味を確認してみましょう。

$$\frac{\pi(100000000)}{100000000} = \frac{5761455}{100000000} = 0.05761455$$

対数の表を見ると $\log 100000000 = 18.42068\cdots\cdots$ なので

$$\frac{1}{\log 100000000} = 0.05428681\cdots\cdots$$

です。確かに2つの値は近いですね。これが

$$\frac{\pi(x)}{x} \sim \frac{1}{\log x}$$

の意味です。xをどこまでも大きくすると、2つの値はどこまでも近づくのです。そして、1億までの数のうち約5.5%の数が素数なのです。
この定理については、

『複素解析の神秘性―複素数で素数定理を証明しよう！』吉田信夫（現代数学社, 2011）

という本で詳しく扱われています。興味をもっていただいた方は、ぜひご覧ください。

1億までで考えると、素数は全体の5.5%で、あまり多くないわけですが、素数は無数に存在することは分かっています。実はこれは、古代ギリシャ時代から知られていて、ユークリッド（エウクレイデス）の「原論」という本にも書かれています（第9巻・命題20）。原論には他にも素数の面白い話題がたくさん載っていて、2000年以上の長きにわたり素数は人類を魅了していることが分かります。原論について興味をもっていただけたら、

『ユークリッド原論を読み解く　～数学の大ロングセラーになったわけ～』
吉田信夫（技術評論社, 2014）

などがオススメです。

また、3, 5や5, 7さらに11, 13のように「隣り合う奇数がともに素数」となることがあります。
このようなペアは**「双子素数」**と呼ばれています。
これも素数好きにとってはたまらないものです。
知られている中で最大のものでは、388,342桁の双子素数があるそうです。
こんな大きなものがあるから、こんなペアは無数にあるだろうと考えられていますが、いまだに証明はできていません。
このように、素数関連では未開の領域がたくさんあります。

一方、素数がぜんぜん登場しないところもあります。
例えば、113は素数で、その次の素数は127。13個連続で素数じゃない数が並びます。
ちょっと難しいですが、**素数が現れないところ**（素数砂漠と呼ばれることも）について考えてみましょう。

$$1 \times 2 \times 3 \times 4 \times 5 \times 6 \times 7$$

は7!（7の階乗）という数です。これは、

2, 3, 4, 5, 6, 7

で割り切れます。ということは、これに2, 3, 4, 5, 6, 7を加えた数は

$1 \times 2 \times 3 \times 4 \times 5 \times 6 \times 7 + 2$　←2で割り切れる
$1 \times 2 \times 3 \times 4 \times 5 \times 6 \times 7 + 3$　←3で割り切れる
$1 \times 2 \times 3 \times 4 \times 5 \times 6 \times 7 + 4$　←4で割り切れる
$1 \times 2 \times 3 \times 4 \times 5 \times 6 \times 7 + 5$　←5で割り切れる
$1 \times 2 \times 3 \times 4 \times 5 \times 6 \times 7 + 6$　←6で割り切れる
$1 \times 2 \times 3 \times 4 \times 5 \times 6 \times 7 + 7$　←7で割り切れる

であることから、素数ではありません。このようにしたら大きな素数砂漠を見つけることができます。

$$100! + 2 \sim 100! + 100$$

の99個の自然数はすべて素数ではありません。99個以上連続で素数が現れない素数砂漠です。

(100万)! + 2 〜 (100万)! + (100万)

では、100万個ほど素数でない数が並びます。

色々と分かっているけれど、分からないことの方がもっとたくさんあるのです。
これが数学好きの心を刺激するのでしょう。
実用でも、大きい数の素因数分解が困難であることを利用しているのが、通信時のRSA暗号です。
いま知られている最大の素数は24,862,048桁のようです。
素数が無数にあることは分かっていますから、これよりも大きい素数が無数にあります。
ですが、どの数が素数かはパッと分からないので、これより大きい数で素数と判っている数字は、いまのところないのです。

このように多くの人をひき付けてやまず、生活にも欠かせない素数。
AIで素数の秘密に近づくことができたら、人類は新たなステージに進んでいくかもしれません。

実用的なAIを作ってみよう

第1章では、本当はAIを使う必要のないことばかりやってみました。
しかも、AIが困ることばかりやらせてきたように思います。
本章では、NNCの使い方を簡単に紹介しながら、実用的なAIを作ることを目指します。
まずは、**「数学講師の仕事をAIで代替できるか？」**というチャレンジです。
東大入試の理系数学で何が出題されるかを的中させることができるか？
もう1つは、侵入したエイリアンに遭遇しない戦略を考える**「シュレディンガーのエイリアン」**です。
AIとシミュレーション、プログラミング、数学の話が融合した、とても読み応えのある内容になっていると思います。実践的にAIを使うときの心構えをお伝えしていきます。

contents

2-1 東大理系数学出題分野を予測する

～AIに入試問題の予測は可能か～

応用の効く実用的な機械学習をやってみようと思います。
テーマは**「東大理系数学の出題分野を予測する」**です。

筆者の１人は予備校講師、受験数学を専門としています。
大学入試数学の最高峰は、やはり東大の理系です。難易度のみならず、込められた数学的メッセージも他の追随を許さないものです。
当然ながら毎年、どんな問題が出題されるかを予想して、入試直前には予想問題を解かせて、最後の対策を行います。
プロフェッショナルたちが過去の出題傾向を様々な手法で分析し、「出そう」なものを予想し、「これが出るぞ！」と狙いを定めるのです。

筆者のもう１人は、プログラマー。そんなことにはまったく興味がありません。
冷めた目でデータだけを見つめて、AIを使うことで、予想はできるのでしょうか？
ここからは“入試数学の素人”に“プロフェッショナルの仕事”を奪ってもらいましょう。

ここからは、Kayがお送りします。
「東大入試？　そんなの興味ねー」って声が聴こえてきそうですが、全く同感です(笑)。
しかし、ちょっと待って下さい！これは、主婦の夕飯の献立の予測と同じもので、とても興味深いものなのです(汗)。
「そんな、失礼な！」ですね。ただし、主婦に対して（笑。その意味はすぐ分かります)。
相方が、東大受験数学のスペシャリストなので、概要を教えてもらいました。
赤本の教学社さんの分類を参考に、出題分類は次のように設定しました。

0	整数
1	図形と式
2	方程式・不等式・領域
3	三角関数
4	平面ベクトル
5	空間図形
6	複素数平面
7	確率・個数の処理
8	数 II 微積分
9	数 III 微分法
10	数 III 積分（体積除く）
11	体積
12	極限
13	２次曲線

◆表２−１　**出題分野一覧**

教育課程の変更で出題されなくなった分野や出題回数がごく少ない分野は、一部仕分けしました。

これらの分野から、毎年６分野が出題されます。この６分野を予測します。

先程の、主婦の夕飯の献立に喩えますと、14 種類の料理ができる主婦が、毎晩出す６つの料理を当てるというのと同じです。

こう言うと、

「たった 14 種類しか料理ができないなんて失礼な！　軽く 50 はできますわ。おーほほほ」と、怒られるかもしれませんので、先ほど、主婦に対して失礼と申し上げたのですが、あくまで、ものの喩えということでご容赦願いたく思います、奥様！

奥様に得意料理があるように、東大入試にもよく出る分野とそうでないものがあります。

例えば、2017 年、2018 年の出題はこうでした。

2017年		2018年	
3	三角関数	9	数III微分法
7	確率・個数の処理	0	整数
6	複素数平面	12	極限
0	整数	8	数II微積分
1	図形と式	6	複素数平面
11	体積	11	体積

◆表2－2　**2か年の出題分野**

手元に、このようなデータが、1989年から2019年まで、31年分あります。
受験問題の予測は、次の受験に対して行うものですが、本書執筆中、最後の受験は2019年ですので、的中具合を見るために、1989年から2018年までのデータを使い、AIに2019年の予測をさせてみましょう。
そのために、次のようなデータを作成します。

※筆者は、次のデータを作成するために、マイクロソフトAccessを使い、VBA言語でプログラミングしました。機械学習では、まず、有効なデータの形を考え、そして、それを楽に作ることが非常に重要になります。
普段は、Excelを使えば十分ですが、この場合、2つのデータをマージ（融合）する必要がありましたので、それをExcelより簡単にできるAccessを使いました。
今回の場合は、時間をかければ手作業でも可能なのですが、それではとてもではないが対処できない問題も多いはずです。
そこで、機械学習のために、ExcelやAccessに熟練しておくと大変に有利だと思います。

	A	B	C
1	年度	分野	出題数
2	1989	0	1
3	1989	1	0
4	1989	2	1
5	1989	3	0
6	1989	4	0
7	1989	5	0
8	1989	6	1
9	1989	7	1
10	1989	8	0
11	1989	9	0
12	1989	10	0
13	1989	11	1
14	1989	12	0
15	1989	13	1
16	1990	0	0
17	1990	1	0
18	1990	2	0
19	1990	3	0
20	1990	4	0
21	1990	5	1
22	1990	6	1
23	1990	7	1
24	1990	8	1
25	1990	9	0
26	1990	10	0
27	1990	11	0
28	1990	12	1
29	1990	13	1

◆図２－１　AI 作成用データ①

各年度のそれぞれの分野の問題が、何問出題されたというデータです。
ほとんどの場合、「出題数」は、出題されたか（1）、出題されなかったか（0）ですが、その分野が２問出題されれば「2」、（今のところありませんが）３問出題なら「3」になります。

さて、上記のままでは、効果的な機械学習ができないと考えました。
AIは、年度の意味を人間が考えるようには捉えてくれず、時間推移を扱うのは少しテクニックが必要になります。しかし、初心者でも解り易くしたいので、別の方法を考えます。
そこで、上記のデータを次のように作り直します。

- **・年　度：　実年度　－　1989（例：2015年の場合、2015 - 1989 = 26）**
- **・分　野：　そのまま**
- **・出題数：　出題数　＋　（実年度　－　1989）　×　0.01**

「出題数」に関して言いますと、1989年に出題された1問については、

1　＋　（1989　－　1989）　×　0.01　＝　1

と、そのままで、2018年に出題された1問については、

1　＋　（2018　－　1989）　×　0.01　＝　1.29

となります。つまり、近年に出題された問題であるほど、重みがあることになります。
同じ1問でも、最近出題された問題ほど重視する訳です。選挙ではいかなる意味でも格差はいけませんが、受験では、近年の傾向を重視するのは当然と言えます。

※0.01という数値に関しては、他にもいろいろ試しましたが、割合に良い推測結果が出ましたので、この0.01を採用しました。厳密とは全く言い難い適当さですが、ご容赦下さい。
年度に関しては、ただの変動する数字から、1989年からの差という意味にしました。

それで、出来上がったデータは次の通りです。
データは1989年から2018年の各年14分野ずつで、

(2018 － 1989 + 1) × 14 ＝ 420レコード

です。

下図のように、年度は「x__0:nendo」で、上で説明しました通り、実年度から1989を引きますので、1989年は「0」、1990年は「1」になります。
分野は「x__1:bunya」です。
「y__0:ap」は、出題数でapはAppearance（出現）という大袈裟な言葉の先頭2文字です。
上で説明しました通り、出題数が「1.01」のようになっています。

	A	B	C
1	x__0:nendo	x__1:bunya	y__0:ap
2	0	0	1
3	0	1	0
4	0	2	1
5	0	3	0
6	0	4	0
7	0	5	0
8	0	6	1
9	0	7	1
10	0	8	0
11	0	9	0
12	0	10	0
13	0	11	1
14	0	12	0
15	0	13	1
16	1	0	0
17	1	1	0
18	1	2	0
19	1	3	0
20	1	4	0
21	1	5	1.01
22	1	6	1.01
23	1	7	1.01
24	1	8	1.01
25	1	9	0
26	1	10	0
27	1	11	0
28	1	12	1.01
29	1	13	1.01
30	2	0	1.02
31	2	1	0

◆図2－2　AI作成用データ②

そして、このデータをランダムに並べ変えます（次図）。

	A	B	C
1	x__0:nendo	x__1:bunya	y__0:ap
2	7	6	1.07
3	26	10	1.26
4	24	12	0
5	1	9	0
6	21	6	0
7	29	12	1.29
8	1	12	1.01
9	1	13	1.01
10	7	0	0
11	23	2	0
12	21	3	0
13	12	12	0
14	7	13	1.07
15	3	8	0
16	16	10	0
17	20	11	1.2
18	21	7	1.21
19	20	3	0
20	1	3	0
21	19	3	0
22	25	9	1.25
23	7	10	0
24	10	10	1.1

◆図2－3　AI作成用データ③

このデータを、学習用336レコード、テスト用84レコードに分けました。
ネットワーク構造（EDIT）は、試行錯誤の末、次のようにしました。

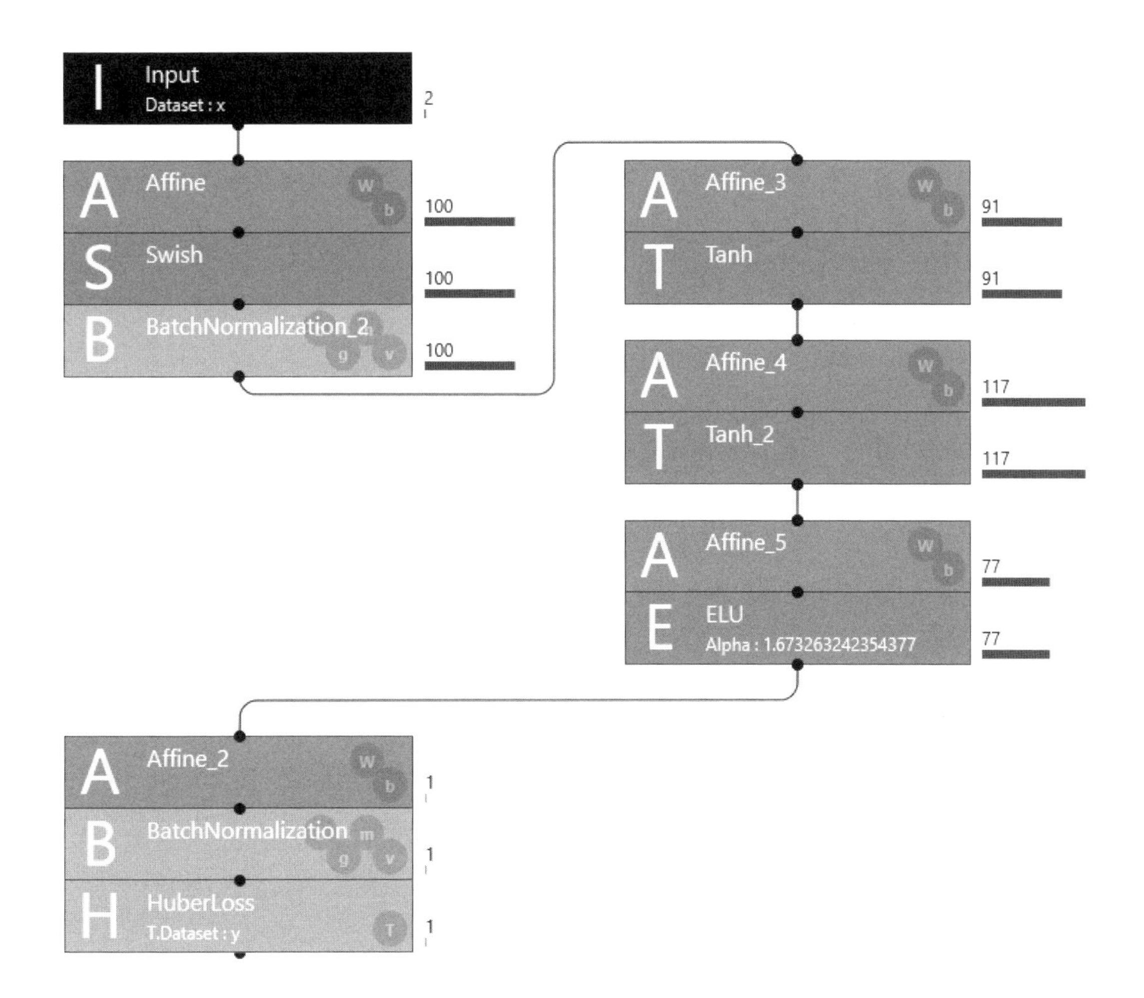

◆図2－4　ネットワークモデル

CONFIG で Max Epoch（繰り返し回数）を 500 にします。

TRAINING を実施して出来た Learning Curve（学習曲線）は次のようになりました。

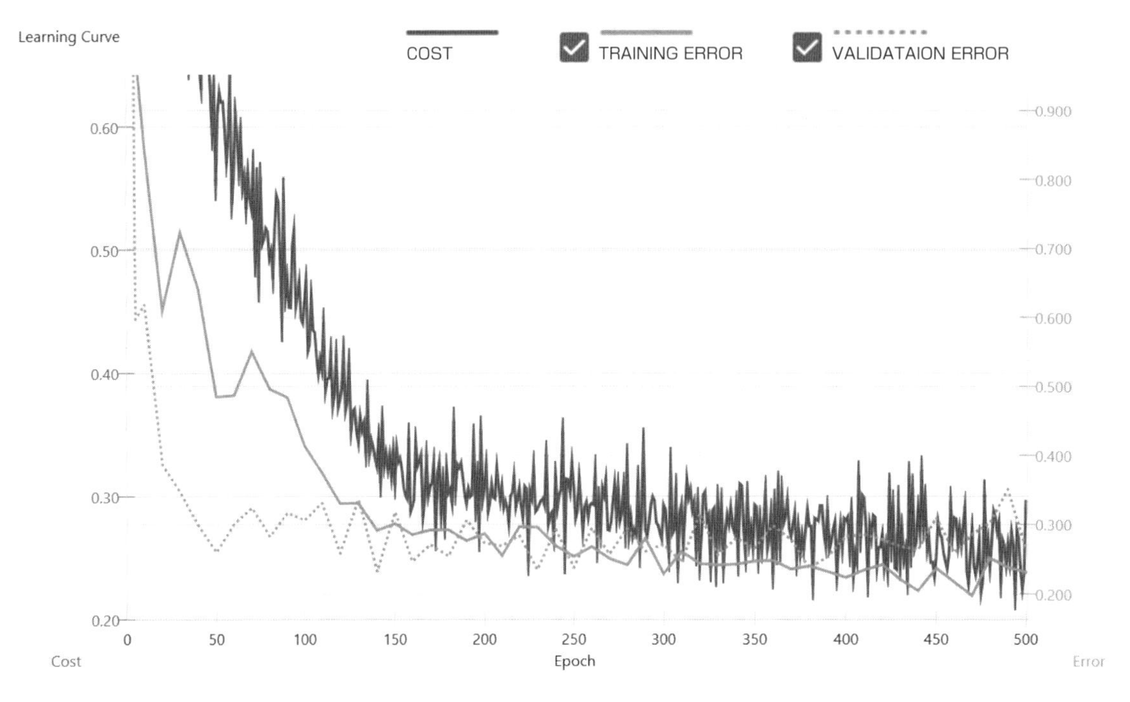

◆図2－5　**学習曲線**

微妙な誤差ですが、何が出題されるかは本当に微妙なのですから、仕方がないとします。では、次の2019年のデータを作成し、DATASETのValidationをこれに変更します。「x__0:nendo」が30であるのは、「2019（年）－1989＝30」だからです。

※AI作成用（学習用・テスト用）と予測用で、3つのcsvファイルを用意しています。

	A	B	C
1	x__0:nendo	x__1:bunya	y__0:ap
2	30	0	0
3	30	1	0
4	30	2	0
5	30	3	0
6	30	4	0
7	30	5	0
8	30	6	0
9	30	7	0
10	30	8	0
11	30	9	0
12	30	10	0
13	30	11	0
14	30	12	0
15	30	13	0

◆図2－6　予測用のCSV

AIが予測する出題数「y__0:ap」には、このように「0」を入れておきます。
このデータでEVALUATIONした結果が次です。

	A	B	C	D
1	x__0:nendo	x__1:bunya	y__0:ap	y'
2	30	0	0	1.65038
3	30	1	0	0.46655
4	30	2	0	0.15648
5	30	3	0	0.14251
6	30	4	0	0.26570
7	30	5	0	0.56351
8	30	6	0	0.99237
9	30	7	0	0.93108
10	30	8	0	0.62330
11	30	9	0	0.72093
12	30	10	0	0.94946
13	30	11	0	1.06734
14	30	12	0	0.63763
15	30	13	0	-0.17565

◆図2－7　AIによる予測結果

AIの出題数の予測は「y'」という列が作られ、そこに記録されます。

数値の小数点以下桁数は5桁に揃えました。

では、このデータに、2019年出題実績データを重ねてみましょう。AIが何問出題されるかを予測した降順（数値の大きい順）で並べてみます。

分野	AI 予測値	順位	出題実績
0	1.65038	1	○
11	1.06734	2	
6	0.99237	3	○
10	0.94946	4	○
7	0.93108	5	
9	0.72093	6	
12	0.63763	7	○
8	0.62330	8	○
5	0.56351	9	○
1	0.46655	10	
4	0.26570	11	
2	0.15648	12	
3	0.14251	13	
13	− 0.17565	14	

◆表2－3　2019年の予測と実際の比較

AIが予想した9位までの問題の中に、実際に出題された6問が全部入っています。確かに、それより下の10～14位は近年の出題があまりない分野です。

まともな予測になっていることがわかります。

ここで少しだけ、Mr. ∅から大学入試数学の専門家としての解説を加えておきます。
AIが出題率が高いと予想しながら出なかった「11: 体積」、「7: 確率・個数の処理」ですが、ほぼ毎年出ている分野ですので、「出る」と予測するのが正しい訳で、これをAIのミスと考える訳にはいきません。
特に「7: 確率・個数の処理」は、2年連続で出題されないという異常事態でしたから、これを出題される（6番以内に入る）と予測することは仕方ないかもしれません。
また、「11: 体積」については、ごくごく近い分野の「10: 数Ⅲ積分（体積除く）」からの出題があったので、これも出題されると予測したのは仕方ないでしょう。ちなみにこの年の「10: 数Ⅲ積分（体積除く）」からの出題は、東大理系数学としては前代未聞の「単なる計算問題」でした。
もう1つフォローしておきましょう。出題されたのに下のほうに来た「5: 空間図形」ですが、これは「11: 体積」と同じく立体を扱います。ですから、「11: 体積」を上位に予測したら、これが下に来るのは理にかなっています。
以上を総合的に見て、異常尽くしの2019年を予測したものとしては、まずまずの健闘をしてくれていると思います。順位のつけ方も納得できるところが多いです。

では、最後に、未来を予想してみます。
執筆時、2020年入試は行われていませんでした。そこでどの分野が出題されるのか、AIに予測させました。出題予想順位が高い順に並べています。

分野		AI予測値	順位
6	複素数平面	1.510	1
7	確率・個数の処理	1.482	2
0	整数	1.338	3
8	数Ⅱ微積分	0.931	4
11	体積	0.767	5
5	空間図形	0.670	6
10	数Ⅲ積分（体積除く）	0.601	7
9	数Ⅲ微分法	0.541	8
12	極限	0.387	9
1	図形と式	0.311	10
2	方程式・不等式・領域	0.238	11
4	平面ベクトル	0.191	12
3	三角関数	0.150	13
13	2次曲線	−0.152	14

◆表2－4　2020年の予測

そりゃ「7: 確率・個数の処理」は出るでしょう！　3年連続で出題されないとは思えません。それにしても、「5: 空間図形」「10: 数Ⅲ積分（体積除く）」「11: 体積」はやはり悩ましいみたいですね。その気持ち、よくわかります。

さあ、どれだけ当たったでしょうか？
結果は、本章の最後、126ページの「コラム3．東大入試数学の出題分野予想は当たったのか？」にまとめています。

2-2 シュレディンガーのエイリアン

AIで危機を予測して、あわよくば、それを回避できる可能性を探る実験を行いたいと思います。
AIの実力を見定めるべく、推測が非常に難しい危機を設定するつもりです。
題して**「シュレディンガーのエイリアン」**です。

この「シュレディンガーのエイリアン」では、最初に実験の設定を詳細に決め、次に、その実験のシミュレーションを行い、そして、シミュレーションデータをAIに学習させ、その学習で得た原理によって推測をさせ、そのAIの推測の結果を分析し、さらに、AIにさせたことを今度はプログラミングで試み、最後に数学で検証する……と、列挙すればちょっと面倒なことをしています。しかし、難しい内容ではありませんし、最後にはドンデン返しも待っていて、読み通してみると、とても面白いと思いました。皆さんにも是非、最後まで読んで、楽しんでいただければと思います。
では、スタートです。

概要

いくつかある部屋の内、どの部屋に居るか分からない危険なエイリアンと遭遇するかどうかは、実際に部屋の中に入ってみなければ分からない状況であるとします。
運悪く、エイリアンに遭遇すれば、あの有名な映画のように強烈な酸で骨も残らず溶かされるのでしょうか？
いえいえ、そんなものではなく、ここでは、エイリアンは、スカンクが出す分泌液の1/10程度の悪性のある液を飛ばしてくるとします。スカンクの分泌液は原液のままでも、ほとんどの場合、人間が嗅いでも生命の危険まではありません。ただし、舌にでもつくと呼吸困難に陥ったり、目に浴びると失明の危険があります。
確かに、その1/10であっても、無理矢理にそれを浴びるかもしれない危険を冒させると、特に昨今ではしっかり、パワハラ、あるいは、いじめと認識されます。そこで、今回は、危険が決してないことが証明済みで、被験者も同意の上での実験とします。多少のスリルを味わうには丁度良いという程度のものです。
最近では、空想や想像のこととなると、平気で倫理や道徳が無視される傾向が世の中に見られることに憂慮したことから、敢えてこのようにくどいかもしれないことを書いたことをご理解いただきたく思います。

※「シュレディンガーのエイリアン」のタイトルは「シュレディンガーの猫」の敬意ある引用のつもりです。ただし、今回の実験に量子力学的な意味はなく、単に、「確かめないと分からない」というニュアンスで拝借しました。

実験内容の詳細

			●			
1	2	3	4	5	6	7

◆図2－8　部屋とエイリアン

上の図のように、部屋が７つあり、●がエイリアンとします。
横並びの７つの部屋の１つにエイリアンが居るわけです。
実験開始日に、エイリアンは１つの部屋に侵入しますが、それがどの部屋かは分かりません。
各部屋には、両隣の部屋に行ける自動ドアがついていて、それを通って、エイリアンは隣の部屋に移動できます。ただし、両端の「１」と「７」の部屋は、それぞれ、「２」と「６」の部屋へのドアしかありません。
エイリアンが移動できるのは、７つの部屋の間だけです。７つの部屋の外には出られません。
エイリアンが居る部屋のみ、両隣の部屋へのドア（「１」と「７」では片隣だけですが）が１日１回開き、エイリアンが移動すると自動でドアが閉まります。エイリアンが移動できるのは一度に１部屋だけです。
ドアが開けばエイリアンは必ず移動します。移動しなければ、床に電気が流れ、エイリアンを動かします……なんて乱暴なことをすれば、エイリアン保護団体が黙っていないでしょうし、宇宙人を愛する我々はそのようなことをしたりはしません。ただ、エイリアンに「こっちの水は甘いぞ」と呼び掛けるだけです。それで、ホタルのように素直なエイリアンは必ず動く……ことにしてください（お願い…）。
例えば、エイリアンは次のように移動します。

【1日目】　エイリアンは（たまたま）4の部屋に入った。

			●			
1	2	3	4	5	6	7

【2日目】　5の部屋に移動した。

				●		
1	2	3	4	5	6	7

【3日目】　4の部屋に移動した。

			●			
1	2	3	4	5	6	7

【4日目】　3の部屋に移動した。

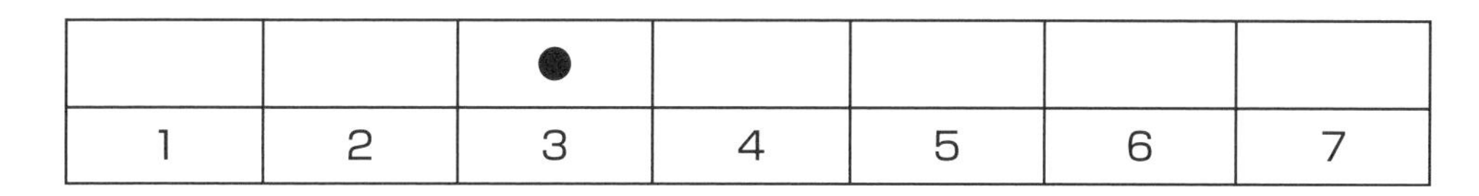

		●				
1	2	3	4	5	6	7

◆図2－9　**エイリアンの移動例**

もちろん、2日目に「3」に移動することもあり得ます。

そして、1日1回、エイリアンが移動する前に、被験者は無作為に1つの部屋を選んで、正面のドアから入ります。正面のドアは2重構造で、エイリアンが脱出することはないとします(実験の厳密性を保証するため、エイリアン同意の上で閉じ込めました)。

例えば、上の2日目で、「3」の部屋を選んで被験者が中に入った場合はセーフですが、「5」を選んでしまうと、身を交わすスペースもなく、「ちょっと嫌な」液体を高速噴射されてしまうのです。

実験は７人の被験者が順番に行います。しかし、彼らは、前日までの実験結果は一切知らされません。そして、７日目に、それまでの６日分の実験結果（選んだ部屋の番号と、エイリアンに遭遇したかどうか）がAIに与えられます。
そして、AIは、７日目に被験者が選んだ部屋の中にエイリアンが居るか居ないかを推測します。

どの日も、被験者がエイリアンに遭遇する可能性は1/7に思え、どの部屋を選ぶかは平等に検討すると思います。
もし、前日の被験者の結果を知っていて、前日、被験者がエイリアンに遭遇していた場合は、それと同じ部屋を選べば、決してエイリアンに遭遇しません。逆に、前日、エイリアンに遭遇していない場合は、その部屋にエイリアンが居る可能性があります。しかし、被験者には、そのような情報は与えられないのです。
では、AIがエイリアンを避けることができる推測力をつけるのに必要な学習をするためのデータをシミュレーションで自動作成します。

シミュレーション

エイリアンがどう動くか、そして、被験者がどの部屋を選び、結果、エイリアンに遭遇するかどうかを、コンピューターシミュレーションで行いました（Excel + VBA使用）。その内容は、もう一度、簡潔に述べますと、

①最初に7つの部屋のどこかにエイリアンが侵入する。

②1日1回、エイリアンは隣に1部屋移動する。エイリアンが移動する前に、被験者は1つの部屋を無作為に選択して中に入る。入った部屋と、エイリアンに遭遇したかどうかを記録する。

これを、７日繰り返す。

このシミュレーションを10000回行い、結果を記録します。
シミュレーションしたデータは次のようになります。

	A	B	C	D	E	F	G
1	x__0:Select1	x__1:DorA1	x__2:Select2	x__3:DorA2	x__4:Select3	x__5:DorA3	x__6:Select4
2	1	1	7	1	7	1	4
3	6	1	5	1	1	1	5
4	5	1	4	1	1	1	7
5	5	1	4	1	5	1	2
6	2	0	6	1	2	0	7
7	3	1	5	1	4	1	2
8	2	1	6	1	5	1	5
9	6	0	1	1	3	1	3
10	5	1	5	1	1	1	4
11	2	0	6	1	7	1	1
12	5	0	2	1	2	1	6
13	5	1	7	1	3	1	1
14	5	1	2	1	2	1	2
15	3	1	6	1	4	1	1
16	7	1	1	1	5	1	5
17	3	1	3	1	5	1	6

H	I	J	K	L	M	N
x__7:DorA4	x__8:Select5	x__9:DorA5	x__10:Select6	x__11:DorA6	x__12:Select7	y__0:DorA7
1	3	1	1	1	6	1
1	3	0	5	1	2	1
0	3	1	1	1	3	1
1	5	1	4	1	1	1
1	3	1	5	0	1	1
1	1	1	4	1	4	1
1	1	1	1	1	4	1
1	2	1	5	1	5	1
1	6	1	5	1	2	0
1	1	1	2	1	6	1
1	4	1	3	1	1	1
1	4	0	5	1	6	1
1	7	1	1	1	2	1
1	7	1	1	1	6	1
1	1	1	3	1	6	1
0	2	1	7	1	7	0

◆図2－10　**シミュレーション結果**

※ 10000 件の内の最初の 16 件。横に長いので、G 列の後ろで段を変えて表示しています。

各列の見出しの意味は次の通りです。

x__0:Select1	被験者が１日目に選択した部屋（1 ～ 7）
x__1:DorA1	１日目、エイリアンに遭遇すれば 0、無事なら 1
x__2:Select2	被験者が２日目に選択した部屋（1 ～ 7）
x__3:DorA2	２日目、エイリアンに遭遇すれば 0、無事なら 1
x__4:Select3	被験者が３日目に選択した部屋（1 ～ 7）
x__5:DorA3	３日目、エイリアンに遭遇すれば 0、無事なら 1
x__6:Select4	被験者が４日目に選択した部屋（1 ～ 7）
x__7:DorA4	４日目、エイリアンに遭遇すれば 0、無事なら 1
x__8:Select5	被験者が５日目に選択した部屋（1 ～ 7）
x__9:DorA5	５日目、エイリアンに遭遇すれば 0、無事なら 1
x__10:Select6	被験者が６日目に選択した部屋（1 ～ 7）
x__11:DorA6	６日目、エイリアンに遭遇すれば 0、無事なら 1
x__12:Select7	被験者が７日目に選択した部屋（1 ～ 7）
y__0:DorA7	７日目、エイリアンに遭遇すれば 0、無事なら 1

DorA は、デッド・オア・アライブと、少々大袈裟な意味ですが、そのくらいの気分で楽しみたいと思います。
y__0:DorA7 が６日までの実験が終わった後で AI が推測する対象です（７日目にエイリアンに遭遇するか否かの推測）。
ご注意いただきたいのは、「エイリアンがどこにいるか」は６日までの実験中、一切公表されないことです。
そして、６日目終了までの結果を伝えられた AI は、７日目の被験者が選択したドアの向うにエイリアンが居るかどうかを推測します。

参考 正統的で複雑な方法の紹介

このような問題に対しては、もっと正統的なやり方がありますが、非常に複雑になってしまい、初心者には理解し難いと思われましたので、本書では、やや簡易なやり方を採用しました。
以下に、その別の（正統的な）方法のヒントを述べます。NNC に慣れてこられた読者は、挑戦していただければと思います。

７日間で行う１つの実験で、各日に被験者が選択する部屋を、部屋番号ではなく、

部屋１を選んだか　はい (1) ／いいえ (0)
部屋２を選んだか　はい (1) ／いいえ (0)
部屋３を選んだか　はい (1) ／いいえ (0)
部屋４を選んだか　はい (1) ／いいえ (0)
部屋５を選んだか　はい (1) ／いいえ (0)
部屋６を選んだか　はい (1) ／いいえ (0)
部屋７を選んだか　はい (1) ／いいえ (0)

という形式で表します。

また、その選択した部屋で、エイリアンに遭遇したかどうかについては本文中の通り、

遭遇せず無事だったか　はい (1) ／いいえ (0)

とします。

そして、７日目に、エイリアンに遭遇したかどうをNNC に推測させます。
その推測のための機械学習の手法としては、一般的には０か１かの「２値分類問題」とします。即ち、７日目の結果を０から１の間の数値で確率として（0.39 なら 39%）推測します。そのためには、活性化関数に Sigmoid、損失関数に BinaryCrossEntropy を使います。

ただし、「シュレディンガーのエイリアン」では確率としての推測が非常に難しいと予想され（実際、難しかった）、敢えて２値分類問題の通常の手法とは異なるやり方を適用しています。

NNC による機械学習実施

上のシミュレーションデータ（CSV 形式）の 10000 レコードの内、8000 件を学習用、2000 件をテスト用とします。

EDIT は、試行錯誤の後、以下のように設定しました。

隠れ層が 4 層ですので、最小のディープラーニング（深層学習）と言えます。

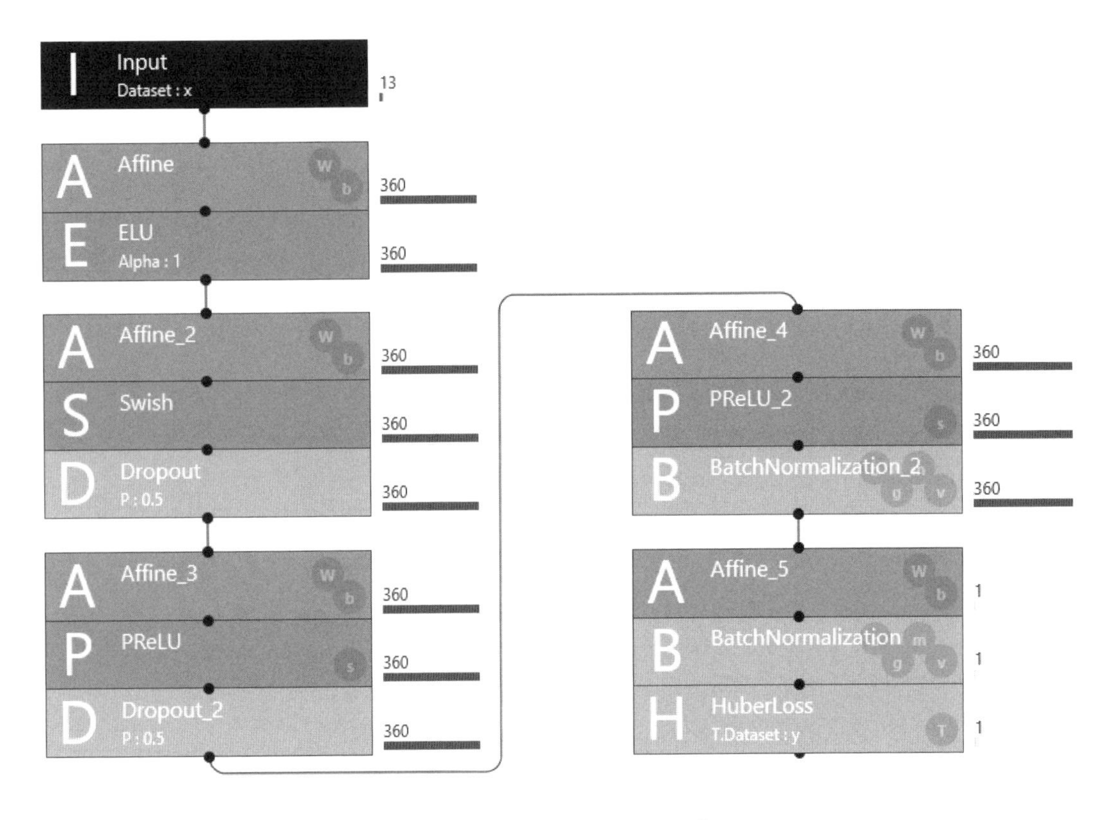

◆図2－11　ネットワークモデル

CONFIG の Max Epoch（繰り返し回数）を 200 にして、学習を実施します。

TRAINING（AI の学習）を実施した Learning Curve は次の通りです。

やや縦方向に拡大してあります。

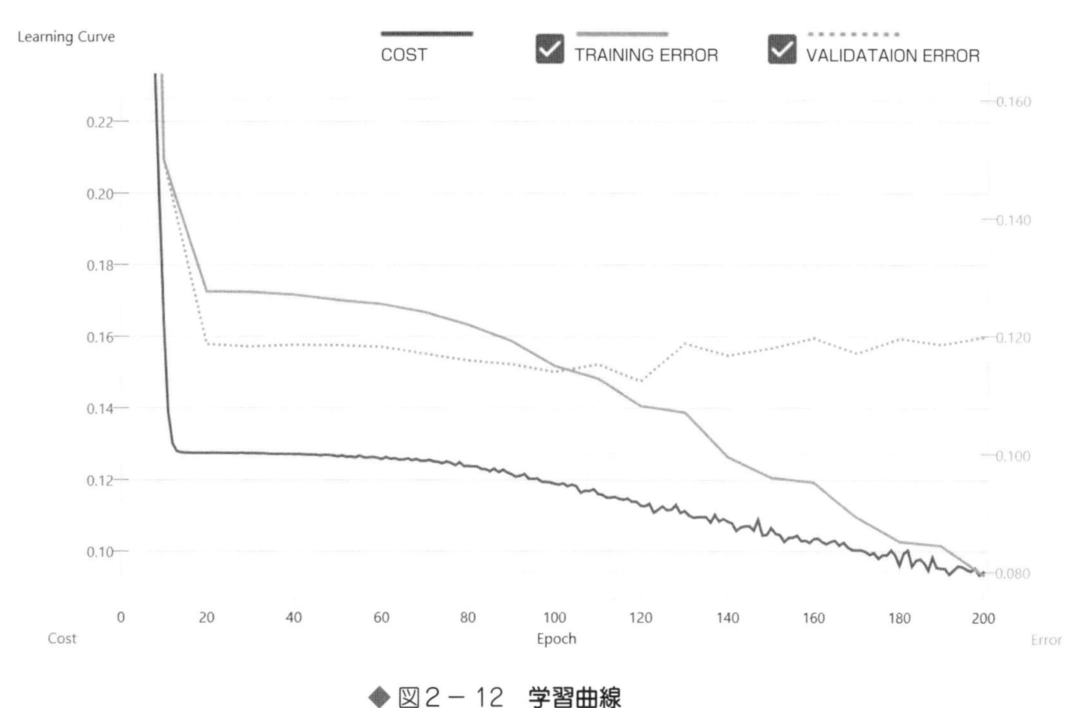

◆図2－12　学習曲線

この機械学習を終えた後、新たに1000レコードの予測用シミュレーションデータを作成します。
そして、AIに、その1000件について、被験者の7日目の選択に対し、エイリアンに遭遇してしまうか、遭遇せずに無事に済むかを推測させます。
10000件のデータの機械学習によって作られたAIは、その1000件について、7日目に、「その選択ではエイリアンに遭遇するぞ」と、高確率のアドバイスができるようになるでしょうか？

DATASETのValidationを、新しい1000件のシミュレーションデータに変えます。予測させる部分のy__0:DorA7には、0を入れます。
そして、TRAINING画面に戻し、再度、Evaluationを実施します。
Evaluation終了後、EVALUATION画面でOutput Resultにチェックが入った状態で、表データ上でマウス右ボタンをクリックし、「Save CSV as…」でデータをCSV形式で保存します。

NNC による推測結果

保存したデータを Excel で開くと、データが表示された箇所の右の方は下のようでした。
※横方向にも長いので左側（A～H列）を割愛しました。

I	J	K	L	M	N	O
x__8:Select5	x__9:DorA5	x__10:Select6	x__11:DorA6	x__12:Select7	y__0:DorA7	y'
5	1	1	0	3	0	0.6699689
2	1	6	1	2	0	0.79957026
4	1	7	1	3	0	0.89760864
5	1	4	1	6	0	0.8926267
2	1	3	1	2	0	0.9450509
3	1	1	1	4	0	0.77417046
3	1	2	1	2	0	0.91688716
7	0	1	1	6	0	0.60841787
1	1	4	1	2	0	0.9086338
3	0	1	1	4	0	0.9004085
3	1	5	1	4	0	0.7706041
6	1	3	1	1	0	0.8180429
1	1	4	1	7	0	0.9097173
2	1	7	1	4	0	0.7189273
1	1	3	1	3	0	0.88898325
7	1	4	1	1	0	0.8516153
1	1	4	1	7	0	0.89914083
3	0	7	1	4	0	0.8627069
6	1	6	1	5	0	0.7170189
5	1	2	0	1	0	0.75853074
6	1	4	1	4	0	0.8506084
1	0	3	1	6	0	1.0296105
4	1	6	0	2	0	0.9887504
1	1	6	1	7	0	1.0666568
5	1	2	0	1	0	0.7923638

◆図2－13　AI の予測

y' が 7 日目に被験者が選択した部屋にエイリアンが居ない可能性を AI が推測した値です。
y' はおおよそ 0(エイリアンに遭遇する) と 1(エイリアンに遭遇しない) の間の値になりますが、エイリアンに遭遇しない可能性の方がずっと高いことから、ほとんどが 1 に近い値になっています。
以下に、AI の推測を正解と並べてみました。AI の推測は、小数点以下 5 桁に揃えています。

	A	B	C
1	7日目に選択した部屋	AIの推測	正解
2	3	0.66997	1
3	2	0.79957	1
4	3	0.89761	0
5	6	0.89263	1
6	2	0.94505	1
7	4	0.77417	0
8	2	0.91689	1
9	6	0.60842	1
10	2	0.90863	0
11	4	0.90041	1
12	4	0.77060	1
13	1	0.81804	0
14	7	0.90972	1
15	4	0.71893	1
16	3	0.88898	1
17	1	0.85162	1
18	7	0.89914	1
19	4	0.86271	1
20	5	0.71702	1
21	1	0.75853	0
22	4	0.85061	1
23	6	1.02961	1
24	2	0.98875	1

◆図2－14　AIの予測vs正解

「正解」が1（7日目は無事だった）に対するAIの推測の平均は0.875431、「正解」が0（7日目はエイリアンに遭遇した）に対するAIの推測の平均は0.8388156でした。いずれも無事である確率であることに注意してください。

確かに、正解が0（エイリアン遭遇）の方が、AIは小さい数を予測してはいますが、正解が1の場合と比べ、それほどの差はありません。それに、正解は0（エイリアンに遭遇した）であるのに、約0.84と、「エイリアンに遭遇しない」と言える推測をしていることも気になります。果たしてAIは意味のある推測をしているのでしょうか？

参考 シミュレーションの正当性の検証

念のため、このシミュレーションに問題がないかを調べました。
今回の、1000件の試験データの実際の結果（正解）は次のような分布です。

1（無事だった）	852 / 1000
0（エイリアン遭遇）	148 / 1000

◆表2－5　1000件の結果

無作為に部屋を選ぶと、1（無事に済む）の場合が6/7 ≒ 0.8571で、0（エイリアンに遭遇）の場合が1/7 ≒ 0.1429ですから、それらに近く、問題なさそうです。
さらに慎重を期し、このシミュレーションに偏りがないか確認するため、1000件のシミュレーションを10回やってみました。その結果は以下の通りです。

	1（無事）の数	0（エイリアン遭遇）の数
1回	861	139
2回	854	146
3回	832	168
4回	864	136
5回	862	138
6回	848	152
7回	847	153
8回	857	143
9回	839	161
10回	845	155
平均	850.9	149.1

◆表2－6　10回分の比較

「平均」と比較していただければ解りますように、上でAIに推測させたものは、ほぼ平均的なシミュレーションデータと言えますので、問題はないようです。

AIの推測の検証

実は、今回の推測は、何度も様々なモデル（NNCのEDIT）を作って実行した中で最も良好な結果だったものです。モデルによっては1（無事）と0（エイリアン遭遇）でほぼ同じ確率という場合もありました。つまり、やはりこれは、NNCにとって（と言うより機械学習全般でも）難しい問題だということと思います。

では、今回のAIの推測を検証してみましょう。
AIの予測は、おおよそ1（無事）と0（エイリアン遭遇）の間の値で、これが0.2なら無事である確率が20%、0.5なら50%と考えられます（「参考：正統的で複雑な方法の紹介」で述べましたが、「2値分類問題」として扱っておりませんので、正確な意味では確率ではないことをご了承下さい）。そこで、一応、推測値を四捨五入して1と0に分けました。つまり、0.5以上は1（無事）で、0.5未満は0（エイリアン遭遇）と推定します。
そうしますと、AIの、7日目に被験者が選択した部屋に対する推定結果は次の通りでした。

1（無事）	997 / 1000
0（遭遇）	3 / 1000

◆表2－7　AIの推定

実際の結果（正解）は

1（無事）	852 / 1000
0（遭遇）	148 / 1000

◆表2－8　実際の結果

です。かなり外れているように思われます。
AIが1（無事）と推定した997件のうちの851件が実際に無事でしたので、

「無事」の正答率：851 ÷ 997 ≒ 0.8536（85.4%）　……（A式）

です。これだけ見ると、なかなか高確率ですが、実際に7日目に被験者が選んだ部屋にエイリアンが居なかったのは1000回中852回ですので、いわば、サルがダーツを投げたって（デタラメにやってもという意味）85.2%も当たるのであり、それとほとんど変わらない推測をしていることになります。

また、AIは1000件中997件で、エイリアンに遭遇しない、つまり、3回しかエイリアンに遭遇しないと予測しているのに、実際は148回もエイリアンに遭遇しています。

ではせめて、AIがエイリアンに遭遇すると推測した3件は当たっているでしょうか？
AIが0（エイリアンと遭遇する）と推測した（推測値が0.5未満）3件は次の通りです。

AIの推測	正解：1（無事）or 0（エイリアン遭遇）
0.26591933	1
0.38050917	0
0.30590433	0

◆表2－9　遭遇予測の3件について

正解だったのは2件で、しかも、「最もエイリアンと遭遇する危険が高い」と推測した1件（表の一番上のデータ）を外しています。
AIの推測には、ほぼ意味はなかったと言って良いと思います。

プログラマーKayの助太刀

AIのこの無残な推測結果を補うため、宇宙人を愛するプログラマーの私（Kay）が、プログラミングで加勢してみました。
7日目にエイリアンに遭遇せず無事で済む場合は置いておき（AIは既に、ほぼ全部無事と推測していますので、さらに無事なものを推測しても意味はない）、AIがほぼ推測できなかった、7日目にエイリアンに遭遇したものを推測するための簡単なアルゴリズムを考えます。それは次の通りです。

① 6日目に選んだ部屋が1で、エイリアンに遭遇した。
→7日目に、2を選べば、100%の確率でエイリアンに遭遇する。

② 6日目に選んだ部屋が2で、エイリアンに遭遇した
→7日目に、1か3を選べば、それぞれ50%の確率でエイリアンに遭遇する。

③ 6日目に選んだ部屋が3で、エイリアンに遭遇した
→7日目に、2か4を選べば、それぞれ50%の確率でエイリアンに遭遇する。

④ 6日目に選んだ部屋が4で、エイリアンに遭遇した
→7日目に、3か5を選べば、それぞれ50%の確率でエイリアンに遭遇する。

⑤ 6日目に選んだ部屋が5で、エイリアンに遭遇した
→7日目に、4か6を選べば、それぞれ50%の確率でエイリアンに遭遇する。

⑥ 6日目に選んだ部屋が6で、エイリアンに遭遇した
→7日目に、5か7を選べば、それぞれ50%の確率でエイリアンに遭遇する。

⑦ 6日目に選んだ部屋が7で、エイリアンに遭遇した
→7日目に、6を選べば、100%の確率でエイリアンに遭遇する。

①と⑦の場合は、間違いなく0（エイリアン遭遇）です。
しかし、現状、0の予測が少な過ぎますので、上の②～⑥の50%のものも全て「0（エイリアンに遭遇する）」としてしまおうと思います。そうすれば、上記に該当するもの（①～⑦）は半分以上でエイリアンに遭遇しますので、現状より確実にマシな推測をするはずです。
そして、一応、「絶対安全」な次の場合も考えました。まあ、先程も申し上げた通り、AIが既にこれらの場合も「安全」と推定していますから、ほぼ意味はありませんが……

6日目に選んだ部屋と7日目に選んだ部屋が同じで、6日目にエイリアンに遭遇している
→その部屋は7日目は絶対安全。

これらのアルゴリズムをプログラム化して処理することで、推測結果は次のようになりました。

1（無事）	953 / 1000
0（遭遇）	47 / 1000

◆表2－10　プログラム＋ AI の予測

この推測結果（無事が953件、遭遇が47件）の内、正解は、

1（無事）	834 / 953
0（遭遇）	29 / 47

◆表2－11　プログラム＋ AI の予測の評価

でした。「エイリアンに遭遇する」正しい推測を、何と、2件から29件にまで引き上げることができました。
よって、正答率は全体で、

正答率（全体）：(834 + 29） ÷ 1000 ＝ 0.863（86.3%）

です。
AIのみの推測である(105ページA式)無事の正答率（無事と推測し実際に無事だった）の85.4%と比較すれば、

正答率（無事）：834 ÷ 953　≒ 0.8751（87.5%）

で、約2%の向上が見られました。

アルゴリズム（問題解決の手順）を適用

ところで、スタートからの6日の中で、一度でもエイリアンに遭遇していれば、7日目に選んだ部屋が「確実に安全な場合」は、簡単に分かります。
だって、エイリアンは、部屋番号が、偶数→奇数→偶数と移動するのですから、例えば、4日目

4日（奇数部屋）→5日（偶数部屋）→6日（奇数部屋）→7日（偶数部屋）

であり、7日に奇数の部屋を選べば、絶対エイリアンに遭遇しません。
これを、アルゴリズムにすると、以下のようになります。

◆7日目は偶数の部屋を選んだ

① 6日目に選択した部屋が偶数で、エイリアンに遭遇していれば、無事

② 5日目に選択した部屋が奇数で、エイリアンに遭遇していれば、無事

③ 4日目に選択した部屋が偶数で、エイリアンに遭遇していれば、無事

④ 3日目に選択した部屋が奇数で、エイリアンに遭遇していれば、無事

⑤ 2日目に選択した部屋が偶数で、エイリアンに遭遇していれば、無事

⑥ 1日目に選択した部屋が奇数で、エイリアンに遭遇していれば、無事

◆7日目は奇数の部屋を選んだ

① 6日目に選択した部屋が奇数で、エイリアンに遭遇していれば、無事

② 5日目に選択した部屋が偶数で、エイリアンに遭遇していれば、無事

③ 4日目に選択した部屋が奇数で、エイリアンに遭遇していれば、無事

④ 3日目に選択した部屋が偶数で、エイリアンに遭遇していれば、無事

⑤ 2日目に選択した部屋が奇数で、エイリアンに遭遇していれば、無事

⑥ 1日目に選択した部屋が偶数で、エイリアンに遭遇していれば、無事

これをプログラムにして処理することで、AIが最も危険と推測した（無事である可能性を約26.6%と、1000件中、最低の確率と予測した）が、実際は無事であったという不名誉な1件を、正しく無事と推測しました。
（プログラムは非常に簡単なものにできます。後でご紹介します）
しかし、このプログラムを使っても、正解率を、その1件分によって、86.3%から86.4%に向上させたに過ぎません。
やはり、この問題では、エイリアン遭遇の推測は非常に難しいことが分かります。

問題を現実的に置き換える

今回の AI の推測は期待外れでした。

元々、問題に推測不能な部分が大き過ぎた、つまり、無理があったのだと思います。

ここで得た大事な教訓は、AI を使って、何かの問題を推測させようと考えたら、その問題が、

① AI に推測可能か
② 何らかのアルゴリズムで推測可能か
③ AI とアルゴリズムを組み合わせることで推測可能か
④ そもそも推測不能か

を見極めないと、無駄な努力をすることになるということです。

今回の問題は、④であると思われました。

しかし、少し考えれば、この問題を②に変えることができることに気付くことができました。

例えば、この「シュレディンガーのエイリアン」問題について言えば、現実的には、こんなことさえ分かれば良いのではありませんか？

1日目から6日目で、「被験者が選択した部屋」と「その部屋でエイリアンに遭遇したか」の情報から、7日に、どの部屋を選べば、エイリアンに遭遇せずに済むか？

これは、先程作ったアルゴリズムを使えば、かなり良い推測ができます。

6日の内、一度でもエイリアンに遭遇していれば、その日と部屋番号が分かれば、7日に選ぶ部屋を偶数にするか奇数にするかだけで、確実にエイリアンを避けられます。

しかし、6日を終えて一度もエイリアンに遭わなかった場合は、確実なことは分かりません……とはいえ、無事な可能性が圧倒的なのですが。

それで、どれだけの安全性が確保できるかですが……

これまでのシミュレーションでは、エイリアンが実際に居た部屋が分かりませんので（遭遇した場合だけ分かった）、戦略を考える目的で、今度は、エイリアンが居た場所を全て記録しながら 1000 件で新たにシミュレーションを行いました。

※あくまで、戦略を考える目的であり、実際のゲームではエイリアンが居る場所全てを知る必要はありません（そんなこと知ったら完全に安全です）。

結果、１～６日の間にエイリアンに遭遇したかどうかは、

エイリアンに遭遇した	エイリアンに遭遇しなかった
612	388

◆表２－12　６日間の遭遇状況

でした。エイリアンに遭遇した612件に関しては、上の理由で、７日目は絶対安全な選択ができます。
しかし、６日目までにエイリアンに遭遇しなかった場合は、安全は保障できません。
そこで、この場合もできる限り安全になるよう考えてみようと思います。
６日目までエイリアンに遭遇しなかった388件で、７日目に実際にエイリアンが居た回数、逆に、エイリアンが居なかった回数は、

部屋番号	エイリアンが居た回数	エイリアンが居なかった回数
1	39	388 － 39 = 349
2	64	388 － 64 = 324
3	71	388 － 71 = 317
4	56	388 － 56 = 332
5	84	388 － 84 = 304
6	45	388 － 45 = 343
7	29	388 － 29 = 359

◆表２－13　７日目のエイリアンの居場所

でした。
部屋２、および、部屋６からしか移動できない部屋１と部屋７に居る可能性が少ないことが分かります。よって、６日目までにエイリアンに遭遇しなかった388件の場合、安全は保障できないながら、部屋１か部屋７を選べば良いことが分かります。
例えば、

① 6日目までに一度でもエイリアンに遭遇した　→　奇数か偶数で判断する。
② 6日目までに一度もエイリアンに遭遇せず　　→　部屋１か部屋7を選ぶ。

という作戦が有効で、今回のシミュレーションで7日目に部屋7を選んだ場合、

(612 + 359) / 1000 ＝ 0.971（97.1%）

の高確率で無事となります。
つまり、この問題に対しては、アルゴリズムで対処すべきで、それにより、かなりの安全性を確保できます。

エイリアンを避けるプログラム

7日目に選択すべき部屋を決めるプログラムを作成しました。
とても簡単なプログラムなので、プログラミングに不慣れな方でも何となく分かると思います。だから、プログラミングに馴染みがなくても、プログラミング入門とでも思って見て頂ければ嬉しいです。
まず、次の変数を用意し、エイリアンに遭遇した日と部屋番号を代入します。

日カウンタ
エイリアン遭遇部屋番号

例えば、4日目に、3番の部屋でエイリアンに遭遇した場合は、

日カウンタ＝4
エイリアン遭遇部屋番号＝3

です。
エイリアンに2度以上遭遇した場合は、遭遇したどの日の情報（遭遇した日と、その時の部屋番号）でも構いません。必要なのは7日の中でエイリアンに遭遇した1件だけです。
一度もエイリアンに遭遇しなかった場合は、「エイリアン遭遇部屋番号」は0とします（日カウンタは何でも良いです）。

Excel などの VBA 言語では、こんなプログラムになります。

```
if エイリアン遭遇部屋番号 > 0 then ‘ *** 一度でもエイリアンに遭遇した ***
        if 日カウンタ Mod 2 = 0 and エイリアン遭遇部屋番号 Mod 2 = 0 then
                指示 =“ 偶数部屋を選べ”
        ElseIf 日カウンタ Mod 2 = 1 and エイリアン遭遇部屋番号 Mod 2 = 0 then
                指示 =“ 奇数部屋を選べ”
        ElseIf 日カウンタ Mod 2 = 0 and エイリアン遭遇部屋番号 Mod 2 = 1 then
                指示 =“ 奇数部屋を選べ”
        ElseIf 日カウンタ Mod 2 = 1 and エイリアン遭遇部屋番号 Mod 2 = 1 then
                指示 =“ 偶数部屋を選べ”
        EndIf
Else    ‘ *** 一度もエイリアンに遭遇しなかった ***
        指示 =“ 1か7を選べ”
EndIf
```

X Mod Y は、X を Y で割った余りで、上のように、2で割った余りが0なら偶数です。
こんな簡単なプログラムで、この問題のルールにおいては、最善か、それに近い選択ができます。

次項では、「シュレディンガーのエイリアン」の機械学習やアルゴリズムによる推測、および、戦略を「AI の推測の数学的評価編」として数学的に詳しく分析します。
すると、あくまでこの問題に関してですが、「AI の推測は無価値」だと、AI を散々こき下ろしていたはずが、実は、この問題においても、AI（ここでは NNC）はとても優秀だったことが分かります。
ソニーさん、ごめんなさいと言いたい気持ちです。
では、以降は、数学講師の Mr. ∅がお届けします。

AIの推測の数学的評価編

AIの出した推定値について、数学的に評価してみましょう。
すごい予測をしていたわけではないですが、案外、頑張ってくれていました。そのことを報告しておこうと思います。
また、ここまでのシミュレーションベースの説明では、数学的思考力で解決できる自信のある人は、モヤモヤがたまっている人もいるかもしれません。その辺りもスッキリさせようと思います（新しい数学ゲームとして大流行するかもしれません？）。逆に数学でモヤモヤがたまる人は、読み流してください。

推定値の再評価

先ほどは、「（推定値）≧ 0.5 なら 1（無事）、（推定値）＜ 0.5 なら 0（遭遇）」と推定しましたが、さっぱり当たっていませんでした。
どうやら、四捨五入による単純な推定ではよくないようです。無作為に選んで無事である確率が 86％程度であることを踏まえると、

- **推定値が 0.8 ～ 0.9 ならだいたい確率通り**
- **それより大きいと無事になる可能性が大**
- **それより小さいと遭遇する可能性が大**

と理解することができます。
推定値が大きいほど、無事である確率は高くなっているのでしょうか？　少し煩雑ですが、やってみましょう。
推定値（3 段階評価）と 結果（「遭遇」または「無事」）の分布表を組み合わせて、相関が分かるようにした表です。

		推定値			
		～0.8	0.8～0.9	0.9～	計
結果	1（遭遇）	37	78	33	148
	0（無事）	137	355	360	852
	計	174	433	393	1000
無事の確率		78.7%	82.0%	91.6%	85.2%

◆表2－14　**推定×結果を組み合わせた分布**

一番下の「無事の確率」という行に書かれた確率が、上の推定値（～0.8、0.8～0.9、0.9～）に近いことが確認できればOKです。

～0.8 …………………… 78.7%
0.8～0.9 …………… 82.0%
0.9～ …………………… 91.6%

推測値が大きいほど、無事である確率が大きくなっています！
AIの推定値には、ちゃんと意味があったようです。

参考　表にある数字の説明

表で色を付けた部分（1000件中393件）は、推定値が0.9より大きな値だったグループです。

393件のうち、遭遇したのが33件、無事だったのが360件。
無事である確率は、360 ÷ 393を計算して、91.6%です。

0.9～のグループについて、推測通りの確率になっていると言ってよいでしょう。
0.8～0.9のグループ（433件）では、無事である確率は82.0%。
0.8より小さいグループは174件しかなく、少数派です。無事である確率は78.7%で、80%より小さい値になっています。

細かいツッコミ

褒めたばかりのところAIには申し訳ないですが、ツッコミも入れていきます。
AIは与えられた数値から見えない法則を見出して、人にはできないような推測を行ってくれるマシンです。そのことは、本書で繰り返しお伝えしています。
しかし、AIには弱点もありました。そう、意味を理解しないことです。素数はおろか、偶数・奇数の判定にも大苦戦でした。
今回のAIも、人にとっては簡単な部分で、苦戦しています。すでに指摘した通りです。それがハッキリ分かる面白い例をいくつか見ていきましょう。
例えば、こんなケースがあります（表の意味は下で説明）。

	1日目	2日目	3日目	4日目	5日目	6日目	7日目	
Select	5	7	3	2	5	1	3	推測値
DorA	1	1	1	1	1	0	?	0.669969

◆表2－15　**推移の例①**

表の意味を説明しておきます。
1日目に5の部屋を選び、そこではエイリアンに遭遇しなかった（無事）。
2日目は7の部屋で、無事。しばらく無事でしたが、6日目は1の部屋を選び、不幸にもエイリアンに遭遇してしまったようです。
ここで大事なのは、「6日目は1の部屋にエイリアンが居た」という情報だけです。
その翌日、3の部屋を選んだら、どうなるでしょう？　AIは「無事な確率は67%ほどだ」と推定していますが……6日目に1に居たエイリアンは、翌日、必ず、2の部屋に居ます。
だから、100%無事だと自信をもって、3の部屋に入ることができます！　正しく推定すると1.0000です。やはり、意味はまったく理解していません！

さあ、ここからが本番です。
AIを使わず、エイリアンに遭遇しない戦略を紹介してきました。その評価を、シミュレーションベースではなく、確率を使って数学的に厳密にやってみましょう。
エイリアンの動き方には、とても重要な数学的法則があるのでした。それを見ていきましょう。
1日目に、3の部屋にエイリアンが居るとします。すると、2日目はどの部屋に居ますか？
可能性があるのは、2と4だけです。

このようにして可能性がある部屋にだけ●印をつけたのが次の表です。

部屋

	1	2	3	4	5	6	7
1日目			●				
2日目		●		●			
3日目	●		●		●		
4日目		●		●		●	
5日目	●		●		●		●
6日目		●		●		●	
7日目	●		●		●		●

◆表2－16　**エイリアンの移動可能性**

前述の通り、2日目は2か4の部屋です。
3日目には、2か4から隣に移動するので、1,3,5 のいずれかの部屋に居ます。
これを繰り返すと、上の表のようにまとめられます。
1日目に3の部屋に居ると分かったら、7日目には1,3,5,7 のいずれかの部屋に居て、2,4,6 の部屋に居ることはありません。
気づくと単純な法則ですが、なかなか気づけないですよね。

数学的に言うと、「偶数・奇数」がキーワードです。
ある日に、「奇数」の部屋にエイリアンが居たら、翌日は、必ず「偶数」の部屋に居ます。
「偶数」の部屋の翌日は、間違いなく、「奇数」の部屋です。
「偶数」、「奇数」が交互になります。
実例で見ていきましょう。これを見て、どう思いますか？

	1日目	2日目	3日目	4日目	5日目	6日目	7日目	
Select	2	2	5	3	6	2	5	推測値
DorA	0	1	1	1	1	1	?	0.521808

◆表2－17　**推移の例②**

1日目に2の部屋（偶数）でエイリアンに遭遇していることに注目します。1日目に偶数の部屋に居るエイリアンは、

1日目：偶数の部屋
2日目：奇数の部屋
3日目：偶数の部屋
4日目：奇数の部屋
5日目：偶数の部屋
6日目：奇数の部屋
7日目：偶数の部屋

と移動することが分かります。だから、7日目に5の部屋（奇数）にエイリアンが居る確率は、0です。無事の確率が100%、推定するなら1.00000です。
失敗の例ばかりでは申し訳ないので、1つ、予想がうまくいった例も挙げておきます。

	1日目	2日目	3日目	4日目	5日目	6日目	7日目	
Select	4	1	2	5	3	1	7	推測値
DorA	1	0	0	1	1	1	?	0.991109

◆表2－18　**推移の例③**

2日目に奇数の部屋、3日目に偶数の部屋に居たわけですから、7日目は必ず偶数。7の部屋は安全です。「99%以上の確率で安全だ」とAIも推定しています。

次に、この法則でどれくらいエイリアンを回避できるかを厳密に考えてみましょう。ここからは、AIはほとんど関係なく、数学の話になっていきます。

6日間で誰かがエイリアンと遭遇してくれていたら、7日目の人は安心して部屋を選ぶことができます。しかし、誰も犠牲になってくれなかったら、この法則は使えません。
シミュレーション結果を調べてみると、1000件で犠牲者の有無は次のようになっているのでした。
有は「少なくとも1人は遭遇した」で、無は「誰1人遭遇していない（みんな無事）」です。
「有」が多いと嬉しいですが……

無	388
有	612
計	1000

◆表2－19　**推移の例③**

このシミュレーションでは、「有」になる確率は60%ほどのようです。
では、数学的に確率を求めるとどうなるでしょう？
どの日であっても、エイリアンに遭遇する確率は $\frac{1}{7}$ で、無事である確率は $1-\frac{1}{7}=\frac{6}{7}$ です

だから、6日間、誰もエイリアンに遭遇しない確率は

$$\left(\frac{6}{7}\right)^6 = 0.396569\cdots\cdots$$

と求めることができます。

※7人の被験者は、後ほど紹介する“エイリアンの居場所の偏り”については気づいておらず、1～7の部屋を無作為に選ぶものとします（シミュレーションの設定と同じ）。
だから、7人の選択は独立であると仮定しています。

ということで、確率的には1000件中397件ほどで「無」となるはずです。シミュレーションでは、388件が「無」でした。理論とシミュレーション結果が一致しているわけですね。
結論としては、6割ほどの確率で誰かが遭遇していますが、4割ほどは誰も犠牲になっていません。
7日目は、6日の間で誰かがエイリアンに遭遇する6割は確実に回避（100%）でき、残り4割は運次第でありますが、エイリアンは7つの部屋の1つに居るわけですから、無事な確率は $\frac{6}{7} \fallingdotseq 0.85$ 、つまり85%ですね。

結局、無事な確率は

$$0.6 \times 1 + 0.4 \times 0.85 = 0.94$$

と計算できます。94％の確率でエイリアンを回避できますが、6％は……

確率の不思議にAIは気づいているか？

実は、エイリアンがどの部屋に居るかは、確率的に偏りがあります。シミュレーションでもその様子が現れていました（「1か7の部屋を選べ」というアドバイスの根拠だった部分）。少し大変ですが、数学的に説明してみます。

1日目は、無作為にエイリアンが部屋を選ぶので、どの部屋に居る確率も $\frac{1}{7}$ です。0.142857です。

では、2日目はどうでしょうか？実は、各部屋にエイリアンが居る確率は次のようになります。部屋によって確率が違うのです！

部屋1	部屋2	部屋3	部屋4	部屋5	部屋6	部屋7
0.071429	0.214286	0.142857	0.142857	0.142857	0.214286	0.071429

◆表2－20　2日目にエイリアンが各部屋に居る確率

どうしてこんなことになるのでしょうか？

2日目に1の部屋に居るのは、「1日目に2の部屋に居て、0.5の確率で1の部屋に移動する」という場合に限られます。だから、確率は

$$\frac{1}{7} \times 0.5 = 0.071429$$

と、かなり小さい値になります。7の部屋も同様です。

次に、2日目に2の部屋に居る確率を考えると、「1日目に1の部屋に居たら、確実に2に移動してくる」と「1日目に3の部屋に居て、0.5の確率で1の部屋に移動する」という場合があります。だから、確率は

$$\frac{1}{7} + 0.142857 \times 0.5 = 0.214286$$

です。6の部屋も同様です。かなり大きくなりました。

残りの部屋は、前後の部屋から0.5ずつの確率で移動してくるので、結果的に $\frac{1}{7}$ になっています（$\frac{1}{7} \times 0.5 + \frac{1}{7} \times 0.5$）。

このように、前日の居場所と移動方法の関係で、各部屋に居る確率が同じではないのです。このルール（数列で言うと、漸化式です）を適用して７日目にエイリアンがどの部屋にいる確率が大きいか、計算することができます。結果だけ書いておきます。

部屋１	部屋２	部屋３	部屋４	部屋５	部屋６	部屋７
0.095982	0.142857	0.189732	0.142857	0.189732	0.142857	0.095982

◆表２－21　７日目にエイリアンが各部屋に居る確率

1,7 の部屋に居る確率は他と比べてかなり小さくなっています。
直観的には、確率は全部 $\frac{1}{7}$、つまり、0.142857という気がしていたかもしれませんが、実際は全然違うのです。

ここで気になるのが、先ほどの「どの日であっても、エイリアンに遭遇する確率は $\frac{1}{7}$ で、無事である確率は $1-\frac{1}{7}=\frac{6}{7}$ です。」の部分です。
確率に偏りがあるのに、どの日であっても、エイリアンに遭遇する確率は $\frac{1}{7}$ として良いのでしょうか？
被験者は無作為に、確率 $\frac{1}{7}$ で各部屋を選びますので、エイリアンに遭遇する確率 P は、

$$
\begin{aligned}
P = &\frac{1}{7} \times (1\text{の部屋にエイリアンが居る確率}) + \frac{1}{7} \times (2\text{の部屋にエイリアンが居る確率}) \\
+ &\frac{1}{7} \times (3\text{の部屋にエイリアンが居る確率}) + \frac{1}{7} \times (4\text{の部屋にエイリアンが居る確率}) \\
+ &\frac{1}{7} \times (5\text{の部屋にエイリアンが居る確率}) + \frac{1}{7} \times (6\text{の部屋にエイリアンが居る確率}) \\
+ &\frac{1}{7} \times (7\text{の部屋にエイリアンが居る確率})
\end{aligned}
$$

で、

$$
\begin{aligned}
&(1\text{の部屋にエイリアンが居る確率}) + (2\text{の部屋にエイリアンが居る確率}) \\
+ &(3\text{の部屋にエイリアンが居る確率}) + (4\text{の部屋にエイリアンが居る確率}) \\
+ &(5\text{の部屋にエイリアンが居る確率}) + (6\text{の部屋にエイリアンが居る確率}) \\
+ &(7\text{の部屋にエイリアンが居る確率}) = 1
\end{aligned}
$$

です。よって $P = \frac{1}{7}$ になります。

もしも被験者が“エイリアンの居場所の偏り”に気づいていたら、遭遇確率はもっと低くなります。
ということで、回避戦略です。
6日間、誰も犠牲者が出ていない場合は、エイリアンがいる確率の低い「1の部屋」を選ぶことにします。7日目に「1の部屋」を選ぶとき、エイリアンに遭遇しない確率（正確には条件付き確率）が1 − 0.095982 ≒ 0.905（90.5%）なので、この戦略で回避できる確率は、

$$0.6 \times 1 + 0.4 \times 0.905 = 0.962$$

となります。つまり、96.2%の確率でエイリアンを避けることができます。先ほどの94%から少し改善されました。
シミュレーションでは、少しデータの偏りがあったため、回避確率が97.1%になっていました。

AIは確率の偏りをどうとらえていたか

ここからは、AIが“エイリアンの居場所の偏り”をどうとらえていたか、検証します。

まず、シミュレーションの結果です。7日目に、エイリアンが居る確率を、部屋ごとに計算したものです。6日目まで誰も遭遇しなかった388件ではなく、全件の1000件のデータで計算しました。

部屋1	部屋2	部屋3	部屋4	部屋5	部屋6	部屋7
0.080000	0.137000	0.211000	0.148000	0.183000	0.151000	0.090000

◆表2－22　シミュレーションでの確率

ほぼ確率通りになっています！
1つ余談です。
理論で計算した確率とシミュレーションの確率が同じであることが分かりました。先ほどの「6日間エイリアンと遭遇しない確率」もそうでした。
その結果を見たときの著者2人の反応がまったく違いました（笑）
確率を理解しているMr. ∅は、「シミュレーションはちゃんとしているね」という感想でした。
一方で、シミュレーションを担当したKayは「確率がちゃんと決まっているんだね」という

感想でした。
AIは意味を理解しないですが、人にとっても「意味」というのはすごく難しいな、と実感しました。

やはり気になるのは、**「AIは確率の偏りに気づいているか？」**ということでしょう。
AIの推定値は、「エイリアンが部屋に居ない確率」でしたから、それをもとに「居る確率」を求めることができます。AIは7日目の各部屋にエイリアンが居る確率を、次の表のように推定していました。

部屋1	部屋2	部屋3	部屋4	部屋5	部屋6	部屋7
0.086883	0.133524	0.158072	0.164339	0.162707	0.128828	0.067186

◆表2－23　AI予測での確率

いかがですか？　AIは、「エイリアンが居る確率は部屋ごとに違う」ということに気づいていますか？
完ぺきとは言えませんが、1,7の部屋の確率が低いことは分かっていたようです！
多くの人が「どの部屋に居る確率も $\frac{1}{7}$ じゃないの？」と直感的に思ってしまい、それを妄信することと比べると、AIの方がよほど真実をとらえています。

数学の力で確実に回避するには？

最後は、数学パズルをやってみましょう。
6日の実験の中の1日だけ、誰かの入る部屋を指定することができるとしましょう。
それによって、確実にエイリアンを回避することができます。

Q. 何日目の人に、どの部屋に入るよう指示したら、確実にエイリアンを回避できますか？

A. 6日目の人に、2の部屋に入ってもらいます。（6の部屋でもよい）

理由も説明しておきます。場合分けして考えます。

6日目の人が2の部屋に入って、

・エイリアンに遭遇してくれた場合

7日目の人は、2の部屋に入ってもらいます。
確実に移動しているから、2の部屋にエイリアンが居ることはありません。

・エイリアンに遭遇しなかった場合

7日目の人は、1の部屋に入ってもらいます。
7日目、1の部屋にエイリアンが居るのは、エイリアンが6日目に2の部屋に居る場合だけです。
従って、6日目に2に居ないということは、7日目に1の部屋に居るということはあり得ません。

これで確実に回避できることが分かりました。

まとめ

誰かを生贄にして自分が安全を確保するというのは良心が痛みますが、あくまで思考実験ということでお許しください。
何度も言うように、AIは、意味を理解しません。
だから、偶数・奇数の法則などは見抜けないようです。
しかし、何らかの法則を見出して、1000件中の400件には、通常（0.142857）よりも高確率で回避できることを教えてくれました。大したもんです。

ここに重要な知見が現れます。
AIを妄信し無理矢理にAIの推測精度を上げようとするのは止めましょう、ということです。
そうではなく、人の知恵とAIの推定を掛け合わせることで高精度の予想をし、それを生かしていくことが最重要なのです。
「人事を尽くして天命を待つ」と言いますが、これからは「人事＆AI事を尽くして天命を待つ」になるわけです。

コラム3

東大入試数学の出題分野予想は当たったのか？（Kay＆Mr.ø）

2020年の東大入学試験が実施されましたので、AIの推測を検証しました。

実際に出題された分類		AI出題予想順位
2	方程式・不等式・領域	11 ×
4	平面ベクトル	12 ×
10	数Ⅲ積分（体積除く）	10 ×
0	整数	③
11	体積	⑤
13	2次曲線	14 ×

酷いものですね（笑）。
ただし、AIの予測は、予備校講師的にはそこそこ納得できるものであったと思います。
東大の先生が、過去の出題実績と異なるパターンの出題をしたというだけのことで、むしろ、そうでなくてはならないのだと思います。
教育格差と言いまして、家庭が豊かで良い予備校に入ることができる学生が受験でも有利になることの弊害が指摘されています。
2019年の東大の入学式の祝辞で、東大名誉教授の上野千鶴子氏が新入学生達に対し「あなた方は恵まれている」といったことを述べられていましたが、この「恵まれている」の中には、当然、経済的な意味合いもあると思います。
学問の目的は本質的には試験で良い点を取ることではなく、いろいろな意味でですが本当に賢くなるための準備をすることなのだと思います。そして、きっと、東大はそのための最高の場であるのだと思います。
経済的、あるいは、その他で恵まれていない学生が不利な点は、まだ沢山あると思いますが、それが少しでも解消されていく道が見えるなら、今回、AIが予測を外したことには価値があるのではないかと思います。

chapter 3

有名問題にAIで挑む！

本章では、２つの有名な問題に、**シミュレーション × AI** でチャレンジします。
シミュレーションのデータを使っていますから、言うなれば架空の世界の話をしています。
ここでの話は、実際の社会調査などで集めた数字を、どんな確率分布に従っているか分からないけれど分析したい、という状況に似ていると思います。
どんな数字を使って、どんな予測をさせるか。
得られた結果にどんな意味づけをするか。
AI の結論を正しく解読し、どう扱うのかは、人に委ねられています。
AI を盲信するだけの人になってはなりません！
AI を使って人生を豊かにしましょう！！

contents

3-1 モンティ・ホール問題

「モンティ・ホール問題」をご存じでしょうか？
かつて、モンティ・ホール氏が司会を務めたアメリカのゲームショー番組で行われたゲームに対して起こった論争問題です。
一般に人間は、大なり小なり、自分は頭が良くて、かなりの判断力を持っていると思っているものです。しかし、「モンティ・ホール問題」のきっかけになったゲームは、そんな自信を嘲笑うように、プレーヤーを欺く不思議なゲームです。
とはいえ、ゲーム自体はとても簡単なものです。
形としては、親（ディーラー）とプレーヤーの１対１の勝負です。
３つのドアがあり、そのどれかに豪華景品が隠れています。
プレーヤーは、景品が入っているドアを当てれば、それをもらえるのです。

しかし、ただ当てるだけでは、単に $\frac{1}{3}$ の偶然の確率だけの問題で、楽しくありません。
そこで、ゲームを面白くするために、こんなふうにやります。

まず、プレーヤーが、１つのドアを選びます。このドアをＡとしましょう。
すると、親は、Ａ以外のハズレのドアを開けてみせます。そのドアをＢとします。親は、どのドアがアタリかを知っています。
すると、正解のドアは、プレーヤーが選んだＡか、残りのドア（Ｃとします）のどちらかです。
そこで、親は言います。

「Ａのままでも、Ｃに変えてもいいですよ」

しかし、このゲームを見ているほぼ全員が、

「変えても変えなくても確率は $\frac{1}{2}$。運を天に任せるしかない」

と思います。

あるいは、プレーヤーが読心術に長け、親と対話しながら正解のドアを巧みに予想できるかもしれませんし、それとも、親が、プレーヤーの心理を操って不正解のドアに誘うかもしれません。
そして、おかしなことに惑わされず、プレーヤーは、最初の直感を信じ続けるべきと思う人も多いかもしれません。

さて、あなたなら、どうしますか？
答を言ってしまいますと、(プレーヤーが何らかの方法で、親の心を読めたといった場合を除き)プレーヤーはドアをCに変えるべきです。
それで、正解率は2倍になります。
つまり、Aのままだと正解する確率は $\frac{1}{3}$ 。ところが、Cに変えると、その確率は $\frac{2}{3}$ になります。
こう言うと、初めて聞く人のほとんどの人は「そんな馬鹿な」と思うでしょう。
この文章を書いている筆者が読者であるあなたに嘘をついていると思って怒るかもしれません。
それは無理もないことです。
昔アメリカのテレビ番組で、このゲームが行われた後、「史上最もIQが高い女性」と言われるマリリン・ボス・サバントが**「ドアを変えれば正解率は2倍になる」**と発表したところ、批判が殺到しました。批判の主には、博士号所有者や数学者も沢山いたといわれます。

ほとんどの批判の主旨は「ドアを変えても変えなくても確率は $\frac{1}{2}$ である」で、権威ある学識者が、彼女を「愚か者」だと手厳しく非難したり、侮辱すらしたといいます。

ただ、私が不思議に思うのは、これが1990年の出来事だということです。当時のパソコンでも、このゲームのシミュレーションは十分に行うことができ、それは、大して難しいことではなかったはず。なのに、誰もそれをして発表しなかったことです。それほど、「確率は $\frac{1}{2}$ 」であることが当然と思われたということかもしれません。

今では、ドアを変えると正解率が2倍になることを数学的に証明する本もいくつか出ています。
簡単に説明してみましょう。もともと、

Aのドアがアタリである確率＝ $\frac{1}{3}$

Bのドアがアタリである確率＝ $\frac{1}{3}$

Cのドアがアタリである確率＝ $\frac{1}{3}$

です。親は、どれがアタリか知っています。だから、BかCを選ぶときに、うっかりアタリのドアを開くことはありません。だから、残ったCがアタリである確率は、

$$\text{BまたはCがアタリである確率} = \frac{1}{3} + \frac{1}{3} = \frac{2}{3}$$

に相当するのです。

しかし、先程も述べましたが、十分なシミュレーションを行えば、理論的にではなく、実証的に、ドアを変えた方が勝つ可能性が高いことが分かります。そして、パソコンでシミュレーション用プログラムを作ることはそれほど難しくはないと思います。

Excelだと、シートにゲームの経過の履歴を見易い形で残せますので、ExcelでVBA言語を使ってプログラムし、シミュレーションを行いました（プログラムは後に掲載）。

まず、僅か100回のシミュレーションを5回やってみました。プレーヤーがドアを変えるかどうかはランダムにしています。上の段はドアを変えた場合の正解率、下の段はドアを変えなかった場合の正解率です。

変えた	63.64%	74.00%	75.00%	70.69%	60.42%
変えなかった	24.44%	40.00%	32.14%	26.19%	42.31%

◆表３－１　100回シミュレーションでの正解率

と、明らかにドアを変えた方が正解率が高く、２倍近いことが分かります。

そして、1000回やれば、

変えた	68.18%	67.52%	66.46%
変えなかった	33.20%	32.93%	37.07%

◆表３－２　1000回シミュレーションでの正解率

と、理論値（66.67%と33.33%）に近くなり、10000回では、

変えた	66.39%	67.33%	66.32%
変えなかった	34.46%	33.07%	33.17%

◆表３－３　10000 回シミュレーションでの正解率

と、さらに、理論値に近付きます。
そして、10 万回でやってみたら、ほぼ理論値となりました（ただ、コンピューターの乱数の精度がそれほど高くないためか、ぴったりとはいきませんでした）。
つまり、やはり、ドアを変えると、２倍の確率で豪華景品をゲットできることが、理論的ではなく、実験で実証的に明確になったのです。実験を何度やっても同じ結果なので、「ドアを変えると正解率は２倍になる」が正しいと考えて良いでしょう。
先ほどは数学で説明しましたが、実験は目に見えるのが良いですね。頭でなく、体で分かりますから。しかも、そのおかげで数学的な説明が腑に落ちます。

ところで、実際にモンティ・ホールのゲームを実行したり、シミュレーションをやっても、上記のように、**統計的な数字を示されない限り**、人間は「ドアを変えた方が勝てる」ことになかなか気付かないはずです。
果たして、千回やっても、「薄々と気付く」くらいになれるでしょうか？
何となく変えた方が良いのかな、とは感じても、まさか２倍も違うなんて、思いもよらないことでしょう。
視聴者がモンティ・ホールのゲーム対策として、あるいは、真理を解明するために、実験をするとしても、根気が続くのは百回がせいぜいのような気がしますが、その程度の回数で、モンティ・ホール問題の原理に気付けるかは、かなり疑問です。

では、機械学習ではどうでしょう。
つまり、AIは、モンティ・ホールのシミュレーションから、真理を掴み取れるでしょうか？
そこで、シミュレーションで作成したデータを使い、NNCで機械学習を行ってみました。
ここで注意しておきますが、AIは統計的な数字を計算するわけではありません。実際のたくさんのデータから当たり外れの法則を見つけ出し、その法則を新しいデータに適用して予測を行うのです。

ネットワークモデルは、次のような簡単なものを作成しました。

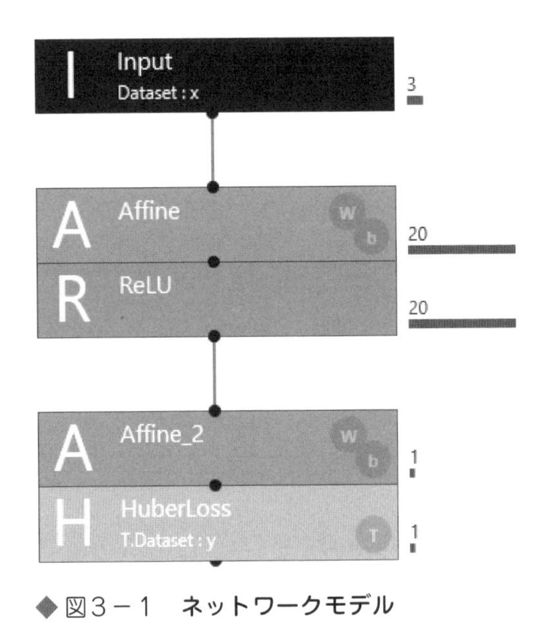

◆図3－1　ネットワークモデル

データは次のようなものを100レコード用意し、学習用80、テスト用20に分けました（データの意味は後述）。NNCでは、全てを数字で表す必要がありますので、3枚のドアは、「A、B、C」ではなく、「1、2、3」とします。

	A	B	C	D
1	x__0:select	x__1:dealer	x__2:change	y:win
2	1	3	1	1
3	2	1	1	1
4	3	2	0	0
5	2	3	1	1
6	1	3	1	0
7	3	1	1	1
8	1	3	1	0
9	3	2	1	1
10	3	2	0	0
11	3	1	0	0
12	1	3	0	0
13	3	2	1	1
14	1	2	0	1
15	2	1	1	1
16	2	1	0	0
17	2	1	1	0
18	2	1	1	0
19	2	3	1	1
20	2	3	1	1
21	1	2	0	0
22	1	2	0	0
23	1	3	0	1
24	1	2	0	0
25	2	3	0	1
26	3	1	0	0
27	3	1	0	1
28	1	2	1	0

◆図3－2　**モンティ・ホール問題の機械学習用データ（CSV ファイル）**

列の意味は、次の通りです。

x__0:select	プレーヤーが最初に選択したドアです。
x__1:dealer	親が開けたドアです。
x__2:change	変更したら1、そのままなら0です。
y:win	正解なら1、不正解なら0です。

次に、トレーニング実施画面を示します。

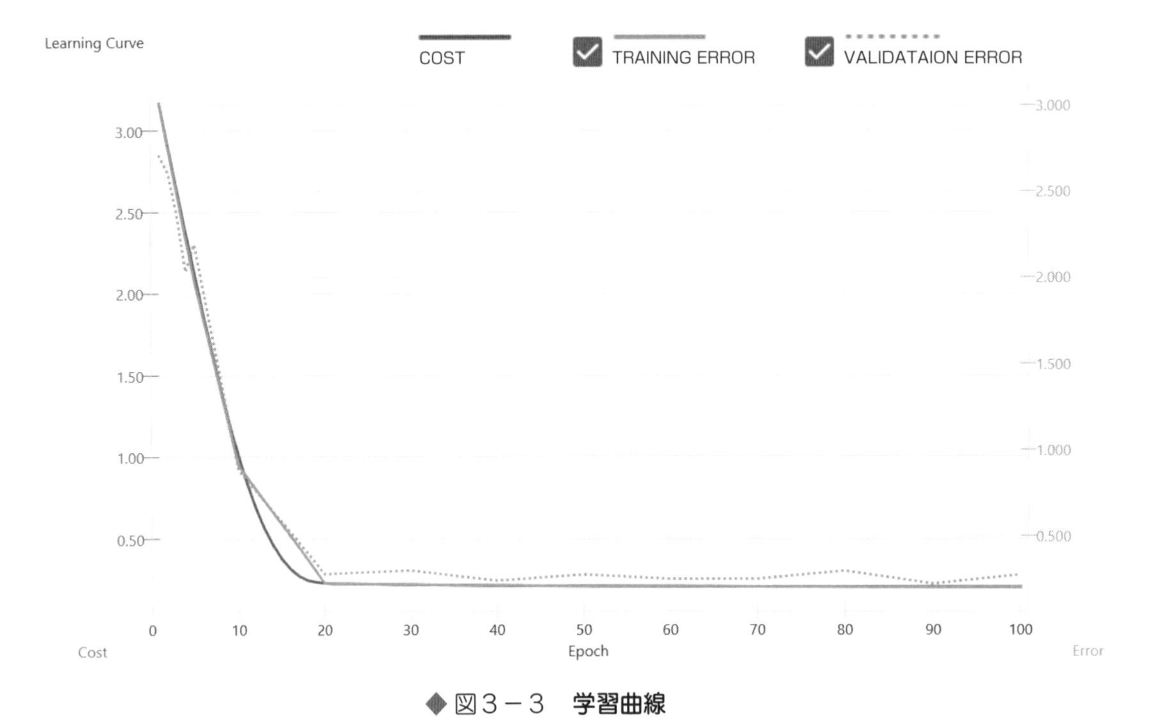

◆図3－3　学習曲線

NNCは特徴量をうまく見つけたようで、グラフが収束しています。これでAI作成完了。
では、AIによる予測に移りましょう。
モンティ・ホール問題の全パターンは、最初に開けたドア（3通り）に対し、「親が開けるドア」が2パターン、それに対し、プレーヤーがドアを変えるか変えないかの2パターンで、
3 × 2 × 2 = 12パターンです。
それぞれのパターンでの正解率をNNCに求めさせます。
具体的には、次のCSVデータを「Validation」のデータセットに設定し、「EVALUATION」を実施すれば良いのです。

	A	B	C	D
1	x__0:select	x__1:dealer	x__2:change	y:win
2	1	2	1	0
3	1	2	0	0
4	1	3	1	0
5	1	3	0	0
6	2	1	1	0
7	2	1	0	0
8	2	3	1	0
9	2	3	0	0
10	3	1	1	0
11	3	1	0	0
12	3	2	1	0
13	3	2	0	0

◆図３－４　**予測用データの CSV ファイル**

一番上の行は、

最初の扉が 1、親が開けたのが 2、扉を変更したとき

を表しています。右端の 0 は暫定的に入れているだけの数字で、意味はありません。
結果は以下の通りです（列名を解り易いように書き換えました）。

	A	B	C	D
1	最初に開けたドア	親が開けたドア	変えたか	正解率
2	1	2	1	63.07
3	1	2	0	34.44
4	1	3	1	75.21
5	1	3	0	32.78
6	2	1	1	61.86
7	2	1	0	34.01
8	2	3	1	70.93
9	2	3	0	34.76
10	3	1	1	71.15
11	3	1	0	30.35
12	3	2	1	81.89
13	3	2	0	34.67

◆図３－５　**予測結果の CSV ファイル**

一番上の行は

最初の扉が 1、親が開けたのが 2、扉を変更したとき、正解する確率は 63.07%

と予測した、ということです。統計的な数字を使っているわけではないのがポイントです。

僅か100回、しかも、いくらか偏りがあるデータでしたが、ドアを変えた方が正解する確率が圧倒的に高く、ある程度、理論値（変えた場合は変えない場合の２倍の正解率）に近いことが見てとれると思います。
つまり、このようなシンプルなネットワークモデルで、AIはモンティ・ホール問題の法則を十分に発見することができたのです。
これに関しては、機械学習は人間を上回ると思われます。

次に10000件で実施しました。
ネットワークモデルを以下のように変更しました。
前のモデルのままでは、うまく収束しませんでしたので、損失関数の「HuberLoss」の前に「BatchNormalization」を挿入しました。

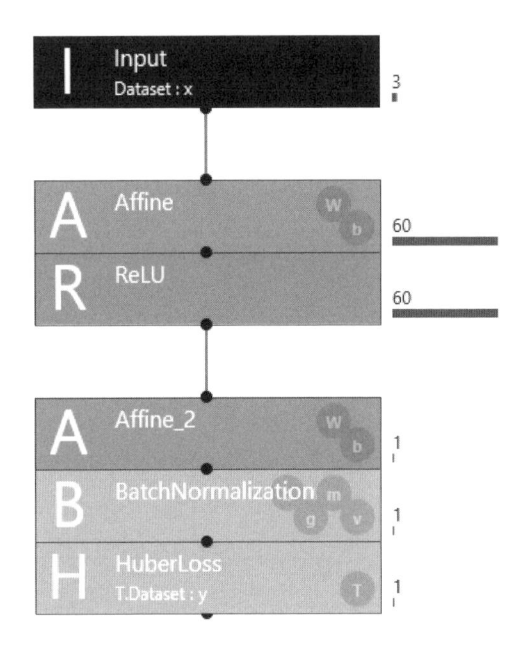

◆図３－６　**更新版のネットワークモデル**

これだと、Max Epoch（繰り返し回数）は20で十分に収束します。
どんなモデルが良いかは、NNCを使っているうちに、ある程度は経験的に解るようになります。その間に、理論的なことを徐々に理解していけば良いと思いますが、所詮、試行錯誤が必要な場合が多いのだと感じます。

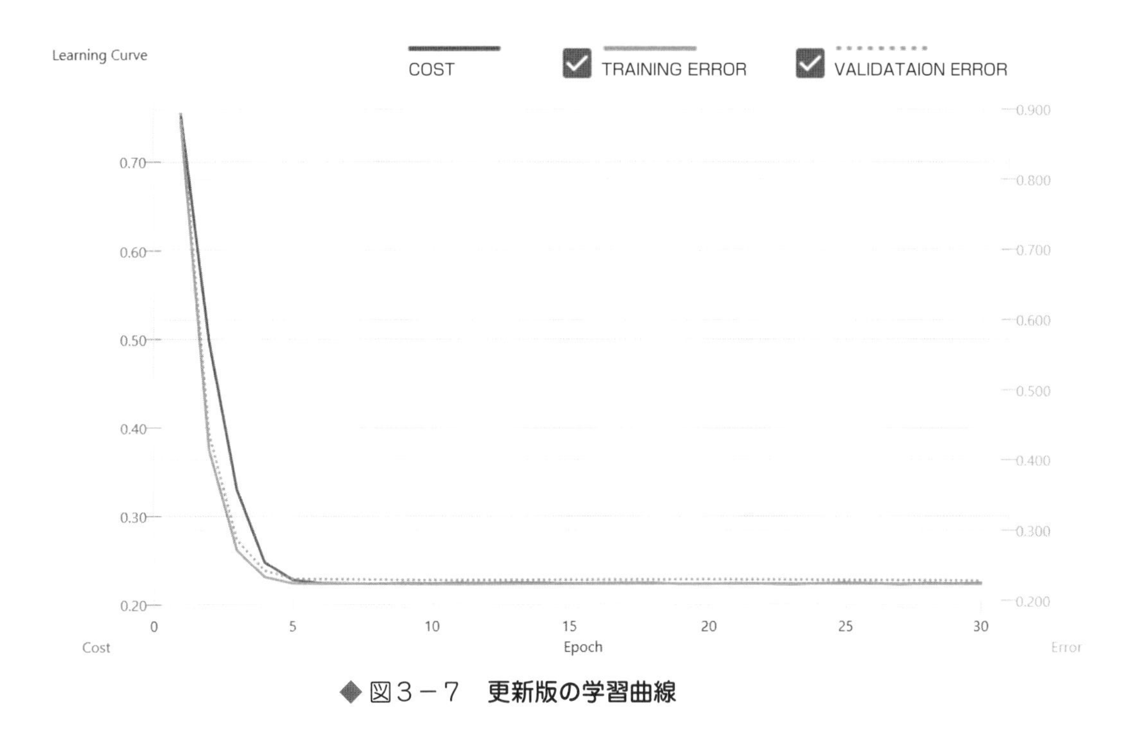

◆図３－７　更新版の学習曲線

次が、100 回の場合でも求めた、モンティ・ホール問題の全パターンでの正解率です。

	A	B	C	D
1	最初に開けたドア	親が開けたドア	変えたか	正解率
2	1	2	1	66.94
3	1	2	0	35.93
4	1	3	1	66.60
5	1	3	0	32.77
6	2	1	1	68.90
7	2	1	0	36.39
8	2	3	1	65.91
9	2	3	0	33.04
10	3	1	1	65.73
11	3	1	0	33.56
12	3	2	1	66.55
13	3	2	0	35.12

◆図３－８　更新版予測結果の CSV ファイル

理論値にかなり近付いています。

機械学習は、内部で統計計算処理を行っているのではなく、あくまで推測を行っていますが、今回のようにその推測が統計結果と近いか、ほとんど一致することがよくあります。
ドアを変えると、正解率が、ドアを変えない場合の２倍になるということを、どうやって解明したかは、NNCに組み込まれたソフトウェアライブラリ（ソニーの深層学習ライブラリNeural Network Libraries）の仕組みによります。
実用的には、モンティ・ホール問題に関しては、シミュレーションを行って統計処理をすれば十分であり、本来、機械学習を行う意味はありません。
しかし、これが、機械学習の優れた推測力を示す好例であると共に、他の問題で、様々な理由により、シミュレーションを行ったり、統計的な解明ができない場合、機械学習が有益な情報を提供する可能性があることが感じられます。
そして、そういった問題は多くあり、これまでは機械学習がなかったので、的外れな、あるいは、非効率なことをせざるを得なかったことが、AIの推測力を活用することで、今後はスマートな（洗練された）方法を採用できるかもしれないのです。
企業であれば問題を推測問題として捉え直し、AIに推測させることで、これまで気付かなかった無駄や危険を発見し、業務効率や安全性の向上、クレームの低減を実現することができると思われます。結果として、収益の向上、業務時間の短縮、品質の向上、あるいは、熟練者でなければできないと思われていた業務を経験の浅い者がこなせるようになる……その他にも様々なメリットが予想されます。重要なことは、それにより、人間はもっと創造性を発揮できるようになることが期待できるのではないかということです。

 モンティ・ホール問題シミュレーションプログラム Excel + VBA

```
Private Sub CommandButton1_Click()

    Dim lng_counter As Long      'カウンター
    Dim int_hajime As Integer    '回答者が初めに選んだドア番号
    Dim int_seikAI As Integer    '正解ドア番号
    Dim int_open As Integer      '司会者が開いたドア番号
    Dim int_henkou As Integer    '変更したか？ 0:変更せず 1:変更
    Dim int_sentaku As Integer   '回答者最終選択ドア番号
    Dim int_kekka As Integer     '結果 1:正解 2:不正解
    Dim lng_kazu As Long         '試技数
```

```
lng_kazu = Range("J3").Value
Range("K13").Value = lng_kazu

Range(("A2"), ("G100000")) = ""

Randomize

For lng_counter = 1 To lng_kazu

    '正解番号
    int_seikAI = Int(3 * Rnd + 1)   '1～3を乱数で

    '回答者が初めに選ぶ番号
    int_hajime = Int(3 * Rnd + 1)   '1～3を乱数で

    '司会者が開く番号
    Do While -1

        int_open = Int(3 * Rnd + 1)  '1～3を乱数で

        '正解番号か、回答者が選んだ番号と同じなら変更
        If int_open = int_seikAI Or int_open = int_hajime Then

            'もう1回

        Else

            Exit Do     '決定

        End If

    Loop

    '回答者が選択し直すか？
    int_henkou = Int(2 * Rnd)   '乱数で 0（変更なし）、1（変更）
```

```
        If int_henkou = 0 Then      '変更なし

            int_sentaku = int_hajime    '最初に選んだ番号が選択になる

        Else    '選び直した

            '選択は、初めに選んだ番号でも、司会者が開いた番号でもない
            int_sentaku = 6 - int_hajime - int_open

        End If

        '正解か？
        If int_sentaku = int_seikAI Then

            int_kekka = 1       '正解だった

        Else

            int_kekka = 0       '不正解だった

        End If

        'セルに書き込む
        Cells(1 + lng_counter, 1) = lng_counter
        Cells(1 + lng_counter, 2) = int_seikAI
        Cells(1 + lng_counter, 3) = int_hajime
        Cells(1 + lng_counter, 4) = int_open
        Cells(1 + lng_counter, 5) = int_henkou
        Cells(1 + lng_counter, 6) = int_sentaku
        Cells(1 + lng_counter, 7) = int_kekka

    Next

    '正解数
```

```
    Range("K14").Value =  _
            WorksheetFunction.Sum(Range(Cells(2, 7),  _
            Cells(1 + lng_kazu, 7)))
    '不正解数
    Range("K15") = lng_kazu - Range("K14")

    '変更した数
    Range("K16").Value =  _
            WorksheetFunction.Sum(Range(Cells(2, 5),  _
            Cells(1 + lng_kazu, 5)))
    '変更しなかった数
    Range("K17").Value = lng_kazu - Range("K16")

    '変更して正解
    Range("K18").Value =  _
           WorksheetFunction.SumIf(Range(Cells(2, 5),  _
           Cells(1 + lng_kazu, 5)), "=1", Range(Cells(2, 7),  _
           Cells(1 + lng_kazu, 7)))
    '確率
    Range("L18").Value =  _
        Format(CDbl(Range("K18") / Range("K16") * 100), "#.###")  _
        & " %"

    '変更せず正解
    Range("K19").Value = _
            WorksheetFunction.SumIf(Range(Cells(2, 5),  _
            Cells(1 + lng_kazu, 5)), "=0", Range(Cells(2, 7),  _
            Cells(1 + lng_kazu, 7)))
    '確率
    Range("L19").Value =  _
        Format(CDbl(Range("K19") / Range("K17") * 100), "#.###")  _
        & " %"

End Sub
```

コラム4

本書でExcel VBAを使う訳（Kay）

筆者の１人はSE（システムエンジニア）と呼ばれる技術者で、長年、沢山のシステムを様々な開発ツールやプログラミング言語を駆使して開発してきました。
そんな私にも、「最初に学ぶプログラミング言語は何が良いか？」というのは無茶な質問だと思われます。なぜなら、それぞれの人の状況によって、答は全く違うはずだからです。
ただ、相手がこの方面にあまり知識のない学生の場合は、とりあえず「JavaScriptかPython。どちらが良いかは、自分で調べて決めてね」と言っても悪くないかなと思います。
ところで、本書では、Excelマクロ、つまり、**VBA（Visual Basic for Applications）言語**でのプログラミングを使っていますが、その理由が案外に重要と思いますので、説明いたします。

◆ 機械学習でまず必要なこと

多くの場合、AIの機械学習は、Tensorflow（Google）やPyTorch（Facebook）などの深層学習フレームワークを使ってPythonなどのプログラミング言語でプログラミングをするものとされていると思います。
NNCはプログラミング言語によるプログラミングは必要ありませんが、NNCの中にはNeural Network Libraries（NNL）という優秀な深層学習フレームワークが入っていて、NNLもPythonから使えます。
しかし、機械学習を行うにあたり、プログラミングより先に必要なことは、AIが学習するデータを作成することと、そのデータを機械学習向けに加工することです。これを、どれだけうまくできるかで、機械学習の成果が大きく変わってしまいます。
そのデータ作成・加工をPython（あるいはJavaやC++等）で行うことも可能ですが、それはかなりプログラミングに慣れていなければ難しいと思います。
しかし、画像や音声などのマルチメディアデータの場合は別ですが、数値データの場合は、Excelを使えば、特別な知識がなくても、比較的簡単にそれが可能です。

◆ VBAのメリット

Excelマクロ（VBAでのプログラミング）を使うことで、複雑で高度なデータ作成・加工処理を非常に効率良く行うことができます。

長年に渡って、世界中の膨大なユーザーの声を反映することで進化し続けてきたExcelの素晴らしい機能を、VBAで自由自在に使え、それで作成・加工されたデータは、そのままExcelのシートにすることができ、それをCSV形式で保存すれば、NNCでの機械学習に利用できるのです。
この便利さは、他のプログラミング言語では望めません。
本書でも、機械学習用のデータ作成やデータ加工はもちろん、先ほどの「モンティ・ホール問題」や次の「囚人のジレンマ」のシミュレーションをVBA言語で作成しましたが、本当に楽だと感じました。
しかし、VBAは、最新のプログラミング言語に比べ、言語仕様が古いと言われます。
その通りです。しかし、特殊な用途以外で、それが問題と思ったことはほぼなく、むしろ、Excelの優れたインターフェースや機能をそっくり利用できる便利さのメリットの方が優ります。
もし、VBAでプログラミングをして問題が起こるとしたら、それはVBAの問題であるよりはプログラミングの問題だと思います。

◆ Excelの欠点

ところで、今のExcelは数万レコードなら快適に処理できるのではないかと思います。
しかし、数十万レコードになると、遅くなったり、複雑な処理では止まってしまうこともあるかもしれません。レコード数の限界もあります（104万くらいだと思います）。実際の機械学習では、それよりもずっと多いレコード数になることもあります。
それで、私は、データ量が多かったり、特に高度な処理をする必要がある場合、マイクロソフトAccessをよく使います。
Accessはデータ処理においてExcelより高機能ですし、さらに大きなメリットは、マイクロソフトの本格的なデータベースシステムであるSQL Serverとうまく連携でき、大きなデータを楽々と扱えることです。
SQL Serverは無償のExpress Editionでも、かなりの大きさのデータが扱えます。
ただ、Accessはやや難しく、使いこなすのに時間がかかります。だから世の中には、いろいろなデータ処理ツールやBI（ビジネス・インテリジェンス）ツールが存在するのではないかと私には思えます。Accessが使えれば、それらは不要と思えるからです。
しかし、Excelの範囲で済むのなら、Excelを使うのが一番だと思います。

◆ ビジネスマンにはVBAがお薦め

プログラミングの専門家を目指す訳ではなくても、自分の仕事を効率化したいという人には、大抵の場合、ExcelでのVBAプログラミングをお薦めしたいと思います。

Excel上でプログラミングができますので、Excelさえインストールされていれば、他に特別なソフトをインストールする必要がなく、すぐに始めることができ、Excelの機能をそっくり利用できる分、プログラミングは簡単になります。

ところが、Excelレガシー問題というものが、よく取り沙汰されています。

Excelレガシー問題とは、プログラミングの専門家でない人が作った、品質や管理状態が悪いExcelマクロが沢山できてしまったことが原因で、業務に支障が出るというものです。

しかしそれは、本当は、Excelマクロを作った人や、管理すべき人の問題のはずが、Excelが悪いとか、Excelマクロが悪いという問題にすり替わってしまっているのだと思います。

著名なAI研究者のピーター・ノーヴィグは、プログラミングを独習するには10年かかるとブログで述べていますが、私も賛成です。

そして、それは、特にノーヴィグが取り上げている、JavaやLispやScalaといったプログラミング言語にだけ当てはまることではなく、どんな言語も同じだと思います。

VBAは簡単な部分もあるのですが、それでも、ちょっと練習した程度で、安易に作ったプログラムが問題を起こさないとしたら、むしろ不思議です。

巷には「すぐにわかるXXXXX」、「10日でマスターするXXXXX」（XXXXXはプログラミング言語名）といった類の本が多く、プログラミングはイージーなものであると誤解されているかもしれません。

しかし、実際は、十分なプログラミングの能力を得るには長い時間がかかります。

とはいえ、何度か述べた通り、VBAは、Excelのユーザーインターフェースや機能を使える分、確かにプログラミングは簡単です。

そのVBAを、自分の仕事を効率化するために勉強すれば、それがそのまま、NNCで必要とするデータ作成やデータ加工に使えるのです。

私は、以前から、専門家になる訳ではないがプログラミングを必要とする人には、Excel + VBAを薦めていましたが、NNCの登場により、さらにそれが正解になってきたと思います。

3-2

囚人のジレンマ

ジレンマとは2つの相反する事柄の板挟みになることです。先にご紹介しました「モンティ・ホール問題」でも、ゲームプレーヤーはジレンマに苦しみましたが、豪華景品がもらえるかもしれないという期待がジレンマに耐えさせるのだと思います。
他にも、投資先、試験の選択問題、ダイエット中のアイス、治療を受ける病院、内定があった2つの会社の選択等、沢山のジレンマがあります。
実際に経験するかどうかは分かりませんが、それどころではないジレンマもあります。
全財産を賭けたギャンブル、ロシアンルーレット、核ミサイルの発射ボタン……

ジレンマで苦しまないためには、結果を予測できれば良いのだと思います。
では、どうすれば、未来を予測できるでしょうか？
厳しい勝負を繰り返すうちに、直感で予測できるようになる人がいるかもしれません。
「このプロジェクトは失敗する」という圧倒的な予感を感じ、実際にそれが当たる人です。
一方、「モンティ・ホール問題」は、勝率を2倍にする数学的に確実な方法があります（ただし、ほとんどのプレーヤーはそれに気付けません）。

この節では、有名なジレンマの問題である**「囚人のジレンマ」**について、AIは未来を予測し、囚人をジレンマから解放できるかを探ろうと思います。

囚人のジレンマとは

友人同士の2人が共同で犯罪を行いますが、逮捕され、2人は囚人となります。
別々の場所に拘留されている2人の囚人の両方に、検事は次のような司法取引を持ち掛けます。

- **2人とも自白すれば、共に懲役5年**
- **2人とも黙秘すれば、共に懲役2年**
- **片方が自白、片方が黙秘の場合、自白した方は無罪、黙秘した方は懲役10年**

２人がお互いを信頼し、共に黙秘すれば２年の懲役で済みます。
しかし、自分は友情に殉じて黙秘しても、相手が裏切って自白すれば、自分は懲役10年で、相手は無罪釈放です。
共に相手を信用せずに自白すれば、共に懲役５年の共倒れです。
自分の運命を分かりやすく表にすると、次のようになります。

	自分は自白	自分は黙秘
相手が自白	**5年**	**10年**
相手が黙秘	**0年**	**2年**

※カッコ内は全て自分の刑期

◆表３－４　**刑期の一覧**

まずまず現実味のある司法取引であることから、これが興味深い問題になっているのだと思います。

本節では、自白することを「裏切り」、黙秘することを「信用」と言うように、友情という視点に立って表現します。そのため、犯罪が悪いことであるという「道徳」を軽んじていると感じるかもしれません。実は筆者にも、そのような抵抗があります。
しかし、敢えて「囚人のジレンマ」の通例に従うことをご了承いただきたく思います。

１回きりの場合

もし、一度きりの司法取引であり、利己主義に徹する、つまり、自分の刑期短縮に全力を尽くすとすれば、自白以外に選択はあり得ません。
自分が自白を選択した場合と黙秘をした場合に起こり得ることを、表にまとめました。

	自分は自白	自分は黙秘
相手が自白	△ 自分：懲役５年 △ 相手：懲役５年	× 自分：懲役 10 年 ○ 相手：懲役０年
相手が黙秘	○ 自分：懲役０年 × 相手：懲役 10 年	△ 自分：懲役２年 △ 相手：懲役２年
	自分の平均＝2.5 年	自分の平均＝6 年

○：相手より刑期が短い
△：両者の刑期が同じ
×：相手より刑期が長い

◆ 表３－５　２人の刑期比較

自白すれば、自分の刑期が相手より長くなることはなく、最良なら無罪、たとえ最悪でも懲役10 年は避けられるのです。

表の中にあった**平均**について、補足しておきます。少しややこしいので、ざっと数字だけご覧ください。

さらに、厳密に考えるなら、平均（期待値）を比較します。

懲役期間の平均は、相手が 50% 50% で自白か黙秘かを選択するとしたら、自分は自白なら

0.5（50%）× 5 年 + 0.5（50%）× 0 年 ＝ 2.5 年

ですが、自分は黙秘なら

0.5（50%）× 10 年 + 0.5（50%）× 2 年 ＝ 6 年

です。

※「表 3-5」の該当する箇所をご覧下さい。

相手が自白する確率ごとに分類すると、懲役期間の平均は次のようになります。計算結果だけご覧下さい。いずれも自白が有利です。

自分の選択＼相手の自白確率	0%	10%	20%	30%	40%	50%	60%	70%	80%	90%	100%
自白	0	0.5	1	1.5	2	2.5	3	3.5	4	4.5	5
黙秘	2	2.8	3.6	4.4	5.2	6	6.8	7.6	8.4	9.2	10

◆表３－６　相手の自白確率ごとの自白、黙秘の平均刑期

こうやって整理すると、自白が得だということが明白に解ります。

相手も合理的に判断すると自白を選ぶので、結果として２人とも自白を選び、懲役５年になります。お互いを信じる心があれば、ともに黙秘で２年の懲役で済むにも関わらず……

ここまでは一度限りのゲームでした。

しかし、囚人のジレンマをゲーム理論で扱うときは、囚人の一度の決断で終わるのではなく、連続的に行うゲームとして扱われますので、ここでもそれに倣います。

繰り返しの回数は、無限回で考えるときと有限回（例えば 10000 回）で考えるときがあります。ここでは有限回の方を扱います。数学的な極限計算ではなく、シミュレーションで可視化したいからです。

囚人のジレンマをイメージできる傑作映画

1968 年のフランス・イタリア合作映画『さらば友よ』（原題は“Adieu l'ami”。「さらば友よ」はほぼ直訳）で、アラン・ドロン演じる医師バランと、チャールズ・ブロンソン演じる詐欺師プロップは、お互いを嫌悪し合っていました。ところが、嵌（は）められて同じ犯罪に加担し、プロップは逮捕、バランは逃亡します。

２人は別れ際、お互い、相手を知らないことにすると約束します。

しかし、敵同士の約束に、どれほどの信頼性があるでしょうか？

ところがなぜか、２人は、相手を裏切らないと（相手を知っていると言わないと）人生が終わってしまうような状況に何度陥っても、憎いはずの相手との約束を守り続けます。

なぜそうするのかは明らかにされませんが、視聴者は、この２人の姿に痺（しび）れるのです。

しかし、２人はお互いに黙秘を守り、共に損をしたように見えます。

連続ゲームの場合も、自白（裏切り）が得で、友情を守ること（黙秘）は損なのでしょうか？

では、シミュレーションを行いましょう。

シミュレーションの指針

「囚人のジレンマ」の全てのケースをシミュレートすることは、大変に手間がかかりますし、検証も困難です。
そこで、今回は、おおよそでですが、最も強いモデルは何かを解明することを目的とします。
1980年に、政治学者のロバート・アクセルロッドが（「連続型囚人のジレンマ（無限回バージョン）」で）募集したゲーム戦略をコンピューターで対戦させたところ、「しっぺ返し戦略」と呼ばれる戦略が優勝し、その翌年、「しっぺ返し戦略」は、より多くの戦略プログラムが参加した中でも２連覇しました。
しっぺ返し戦略とは、最初は黙秘（相手を信頼）しますが、次からは、前回、相手がやった通りにやり返すという単純な戦略です。
ところが、アクセルロッドは後に研究により、「寛容なしっぺ返し戦略」の方が強いことを発見します。
「寛容なしっぺ返し戦略」とは、通常はしっぺ返しをしますが、相手が裏切っても（自白しても）、時々許す（黙秘してあげる）というものです。
もっと強いかもしれない戦略はあると思いますが、あまり複雑にすると扱いにくくなるだけでなく、勝率が安定しない場合が多いと思います。
以上から考え、ここでは、次に挙げる２つの戦略を戦わせるシミュレーションを行います。
勝敗は、懲役期間の合計で判断することにします。もちろん、少ない方が勝者です。

①寛容なしっぺ返し

初回は（相手を信頼し）黙秘します。
２回目以降は、前回、相手がやったことをそのままやり返す「しっぺ返し」をします。
ただし、相手が自白しても、時々は、自分は自白を返さず、寛容に黙秘します。

自白（白）と黙秘（秘）を単純に繰り返す相手には、次のように応じます。

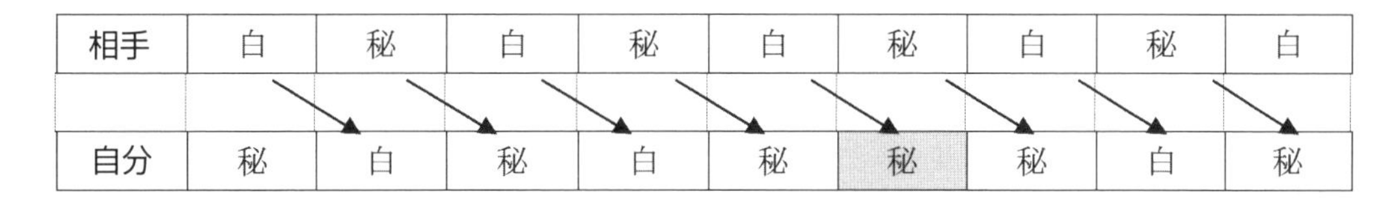

相手	白	秘	白	秘	白	秘	白	秘	白
自分	秘	白	秘	白	秘	秘	秘	白	秘

◆図３－９　寛容なしっぺ返し戦略

相手が裏切った（自白した）４回中１回だけ、寛容さを発揮しました。寛容率は25％です。

②狭量なしっぺ返し（新戦略）

聞いたことのない戦略です。

「寛容なしっぺ返し」があるなら、「狭量なしっぺ返し」もあると思い、作りました。

寛容の対義語は、狭量(きょうりょう)です。

初回は同じく、（相手を信頼して）黙秘します。

２回目以降は、前回、相手がやったことをそのままやり返す「しっぺ返し」をします。

ところが、①の「寛容なしっぺ返し戦略」と反対で、相手が黙秘してくれても、時々は、自分は黙秘せずに、狭量に自白します（卑怯者ですね）。

自白（白）と黙秘（秘）を単純に繰り返す相手には、次のように応じます。

相手	白	秘	白	秘	白	秘	白	秘	白
自分	秘	白	秘	白	白	白	秘	白	秘

◆図３－10　狭量なしっぺ返し戦略

相手が信頼してくれた（黙秘した）4回中1回だけ、狭量さを発揮しました。狭量率25%です。

「寛容なしっぺ返し戦略」実行者と「狭量なしっぺ返し戦略」実行者それぞれ、独立に寛容率、狭量率を設定して対戦できるようにシミュレーションプログラムを作りました。

シミュレーション・プログラムは、「モンティ・ホール問題」と同様、Excel + VBA で作成しました。

プログラムは、最後に掲載します。

シミュレーションの指針

言うまでもありませんが、「寛容なしっぺ返し戦略」の寛容さと、「狭量なしっぺ返し戦略」の狭量さを、共にゼロとしますと、ただのしっぺ返し戦略となり、ゲームを10000回やりますと、共に懲役20000年です。今回開発したシミュレーションプログラムでも、当然そのようになります。

ところが、例えば、「寛容なしっぺ返し戦略」の寛容さを20%、「狭量なしっぺ返し戦略」の狭量さを同じく20%として、10000回のゲームを数度やると、そのたびに結果は異なります。

いつ寛容さ・狭量さを発揮するかはランダムに発生するようにしたからです。
では、シミュレーションの結果を発表します。
ゲーム回数は10000回で統一しています。10000回ゲームを行うことを、1つの「対戦」ということにします。

下の図は、1つの対戦（ゲーム回数10000回、寛容率、狭量率共に20%）での、シミュレーション・プログラム実施の様子です。
「寛容今回」「狭量今回」「寛容前回」「狭量前回」の「1」は信頼（黙秘）で、「0」は裏切り（自白）を意味します。
懲役年数は、「寛容なしっぺ返し戦略」が47236年、「狭量なしっぺ返し戦略」が36426年です。

	A	B	C	D	E	F	G	H
1	ラウンド	寛容今回	狭量今回	寛容前回	狭量前回	寛容懲役	狭量懲役	乱数
2	1	1	1	1	1	2	2	714
3	2	1	0	1	1	10	0	32
4	3	0	1	1	0	0	10	6776
5	4	1	0	0	1	10	0	4601
6	5	0	1	1	0	0	10	6053
7	6	1	0	0	1	10	0	9137
8	7	0	1	1	0	0	10	6969
9	8	1	0	0	1	10	0	8012
10	9	0	1	1	0	0	10	824
11	10	1	0	0	1	10	0	7954
12	11	0	0	1	0	5	5	5372
13	12	0	0	0	0	5	5	9371
14	13	0	0	0	0	5	5	1229
15	14	1	0	0	0	10	0	5703
16	15	0	0	1	0	5	5	8157
17	16	0	0	0	0	5	5	5809
18	17	0	0	0	0	5	5	9046
19	18	0	0	0	0	5	5	2492
20	19	1	0	0	0	10	0	7282
21	20	0	1	1	0	0	10	8962
22	21	1	0	0	1	10	0	5119
23	22	0	1	1	0	0	10	4186
24	23	1	0	0	1	10	0	7632
25	24	0	1	1	0	0	10	8252
26	25	1	0	0	1	10	0	8503
27	26	0	1	1	0	0	10	1180
28	27	1	0	0	1	10	0	8294
29	28	0	1	1	0	0	10	7102

J	K
ゲーム回数	10000
寛容率	20
狭量率	20
成績	
寛容懲役合計	47236
狭量懲役合計	36426
スタート	

◆図3－11　寛容vs狭量のシミュレーション・プログラム実施の様子

「乱数」は、後で、データをデタラメに並べ替えるために使う、デタラメな数です。
後で機械学習を行う際、この「乱数」の順に並べることで、データをシャッフルすることができます。

では、**「寛容さん」vs「狭量さん」の戦い**です。様々な寛容さ、狭量さで試してみた結果です。

寛容さ	狭量さ	対戦番号	寛容さん 懲役年	平均	狭量さん 懲役年	平均
5%	5%	1	43147	44378.33	40557	41528.00
		2	43421		40811	
		3	45304		42774	
		4	44410		41970	
5%	10%	1	48818	48867.75	45398	45517.75
		2	49078		45858	
		3	49027		45687	
		4	48548		45128	
10%	5%	1	38653	38337.25	35133	34884.75
		2	38461		35151	
		3	38346		34966	
		4	37889		34289	
10%	10%	1	44989	45273.00	39729	40010.50
		2	45159		39979	
		3	45648		40378	
		4	45296		39956	
10%	20%	1	50275	50381.75	42945	43256.75
		2	49897		43047	
		3	50686		43596	
		4	50669		43439	
20%	10%	1	39481	39763.00	32451	32740.50
		2	39999		32839	
		3	40596		33676	
		4	38976		31996	

◆表３－７　**寛容 vs 狭量の対戦結果①**

懲役年が短い方の勝ちです。ご覧の通り、「狭量なしっぺ返し戦略」の全勝です。
しかし、シミュレーションで結論を出すためには、もっと多くの対戦結果データを作成する必要があると思います。
それでも、ざっと見た感じでも、単に「寛容さを上げたら不利」「狭量さを上げれば有利」という単純なものではなく、相手の寛容さ、狭量さの影響を受けるのだと思われます。

つまり、基本的には、両者しっぺ返し戦略ですので、寛容さを上げると有利になったり（こちらの黙秘が多くなる分、相手も黙秘してくれる）、狭量さを上げると不利になる（こちらの裏切りが増える分、相手も裏切る）のですが、お互いの寛容さや狭量さが複雑に絡み合うのだと思います。

他にも少しやってみましょう。

寛容さ	狭量さ	対戦番号	寛容さん 懲役年	平均	狭量さん 懲役年	平均
30%	10%	1	36439	36393.25	28509	28373.25
		2	36422		28232	
		3	36296		28316	
		4	36416		28436	
30%	20%	1	45249	45837.50	31759	32405.00
		2	45972		32362	
		3	45790		32280	
		4	46339		33219	
10%	30%	1	52417	52429.25	44487	44381.75
		2	52365		44275	
		3	52642		44592	
		4	52293		44173	
20%	30%	1	52523	52302.25	39083	38814.75
		2	52552		39072	
		3	51839		38609	
		4	52295		38495	
30%	30%	1	51613	51448.75	34293	34113.75
		2	51472		34062	
		3	51467		33857	
		4	51243		34243	
40%	40%	1	55271	55382.50	30851	30555.00
		2	55603		30993	
		3	55240		30090	
		4	55416		30286	

◆表３－８　**寛容 vs 狭量の対戦結果②**

やはり、狭量なしっぺ返し戦略の強さは変わりません。
大規模で徹底的なシミュレーションによる探究も面白そうですが、それはまた別の機会にしましょう。そろそろ AI に登場してもらいます。
AI の推測を解り易く観察するため、寛容さ、狭量さを共に 20%としたシンプルなパターンを採用しようと思います。
いずれ、本格的に、多くの複雑なパターンでも試してみようと思いますが、最初から複雑なパターンを扱うと、AI が発見した法則が明確にならない恐れがあります。この点、ご理解願いたいと思います。

シミュレーションの指針

「寛容なしっぺ返し戦略」の寛容さを 20%、「狭量なしっぺ返し戦略」の狭量さを 20% に設定した対戦データを機械学習に使います。

何度かシミュレーションを行い、平均値に近いもののデータを選びました。

以下は、そのデータの最初の 26 ゲーム分です。

	A	B	C	D	E	F	G
1	ラウンド	寛容今回	狭量今回	寛容前回	狭量前回	寛容懲役	狭量懲役
2	1	1	1	1	1	2	2
3	2	1	1	1	1	2	2
4	3	1	1	1	1	2	2
5	4	1	1	1	1	2	2
6	5	1	1	1	1	2	2
7	6	1	1	1	1	2	2
8	7	1	0	1	1	10	0
9	8	0	1	1	0	0	10
10	9	1	0	0	1	10	0
11	10	0	1	1	0	0	10
12	11	1	0	0	1	10	0
13	12	0	1	1	0	0	10
14	13	1	0	0	1	10	0
15	14	0	1	1	0	0	10
16	15	1	0	0	1	10	0
17	16	0	1	1	0	0	10
18	17	1	0	0	1	10	0
19	18	0	1	1	0	0	10
20	19	1	0	0	1	10	0
21	20	0	1	1	0	0	10
22	21	1	0	0	1	10	0
23	22	0	1	1	0	0	10
24	23	1	0	0	1	10	0
25	24	0	1	1	0	0	10
26	25	1	0	0	1	10	0
27	26	0	0	1	0	5	5

◆図3－12　**寛容さ・狭量さ 20% での戦い**

ラウンド　：ゲーム回数
寛容今回　：「寛容なしっぺ返し」戦略者の今回のアクション
狭量今回　：「狭量なしっぺ返し」戦略者の今回のアクション
寛容前回　：「寛容なしっぺ返し」戦略者の前回のアクション
狭量前回　：「狭量なしっぺ返し」戦略者の前回のアクション

先程も申し上げましたが、アクションは、「1」が黙秘（信頼）、「0」が自白（裏切り）です。注目していただきたいのは、6ラウンドまでは、お互い、相手のアクションをそのまましっぺ返ししますが、7ラウンドで、「狭量なしっぺ返し」戦略者が不意に裏切って自白するところから、ゲームが動き出すことです。

その後も、単純なしっぺ返しが何回か続くとどちらかが寛容さ・狭量さを発揮して、ゲームが動いています（下図参照）。

ラウンド	寛容今回	狭量今回	寛容前回	狭量前回	寛容懲役	狭量懲役
59	1	1	1	0	2	2
60	1	1	1	1	2	2
61	1	1	1	1	2	2
62	1	0	1	1	10	0
63	0	0	1	0	5	5
64	0	0	0	0	5	5
65	0	0	0	0	5	5
66	0	0	0	0	5	5
67	0	0	0	0	5	5
68	0	0	0	0	5	5
69	0	0	0	0	5	5
70	0	0	0	0	5	5
71	1	0	0	0	10	0

◆図３－13　**戦況が動くとき**

発揮する場面が不規則であることが、分析を難しくします。こういうときこそ、そう、AIの出番です！
では、このデータを、機械学習用に以下のように加工しました。

	A	B	C	D
1	x__0:kyoryo_before	x__1:kanyo_before	x__2:kanyo_now	y__0:kanyo_prison
2	0	0	0	5
3	0	1	0	0
4	1	1	1	10
5	1	0	1	10
6	0	0	0	5
7	1	1	1	2
8	1	0	1	10
9	1	1	1	2
10	0	1	0	0
11	1	1	1	2
12	1	1	1	10
13	0	1	0	0
14	0	0	0	5
15	0	1	0	0
16	0	0	0	5
17	0	0	1	10
18	0	1	0	5
19	1	1	1	2
20	1	1	1	2
21	1	0	1	10
22	1	0	1	10
23	0	1	0	0
24	0	1	0	0
25	0	1	0	5
26	1	1	1	10
27	0	1	0	5

◆図3－14　**学習用データのCSV**

ラウンドはシャッフルし、並び順をデタラメに変えました。

x__0:kyoryo_before　「狭量なしっぺ返し」戦略者の前回のアクション
x__1:kanyo_before　「寛容なしっぺ返し」戦略者の前回のアクション
x__2:kanyo_now　「寛容なしっぺ返し」戦略者の今回のアクション
y__0:kanyo_prison　「寛容なしっぺ返し」戦略者が今回受ける懲役年数

「前回の２人のアクション」と「寛容さんの今回のアクション」に対して、「寛容さんが何年の懲役になったか」を対応させています。「狭量さんの今回のアクション」が入っていないのがポイントです。寛容さん視点でゲームの流れを分析しようと考えているのです。

条件を再確認。

寛容なしっぺ返し戦略：寛容率 20%
狭量なしっぺ返し戦略：狭量率 20%

レコード数は、学習用 80%（8000 レコード）、テスト用 20%（2000 レコード）の合計 10000 レコードです。

このデータで、いよいよ機械学習を開始します。
ネットワークモデルは以下の通りです。

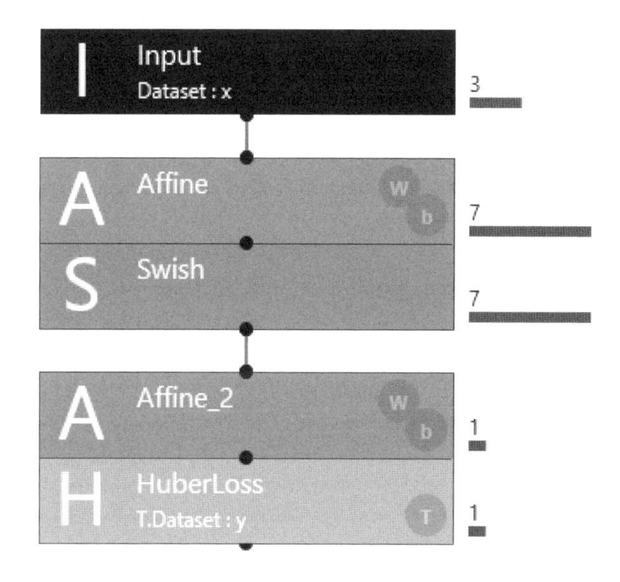

◆図３－15　ネットワークモデル

活性化関数は ReLU でも良いのですが、後から考案された Swish が良い結果を出すことがあるというので使ってみましたが、今回のものではほとんど違いはありませんでした。
以下が学習グラフです。

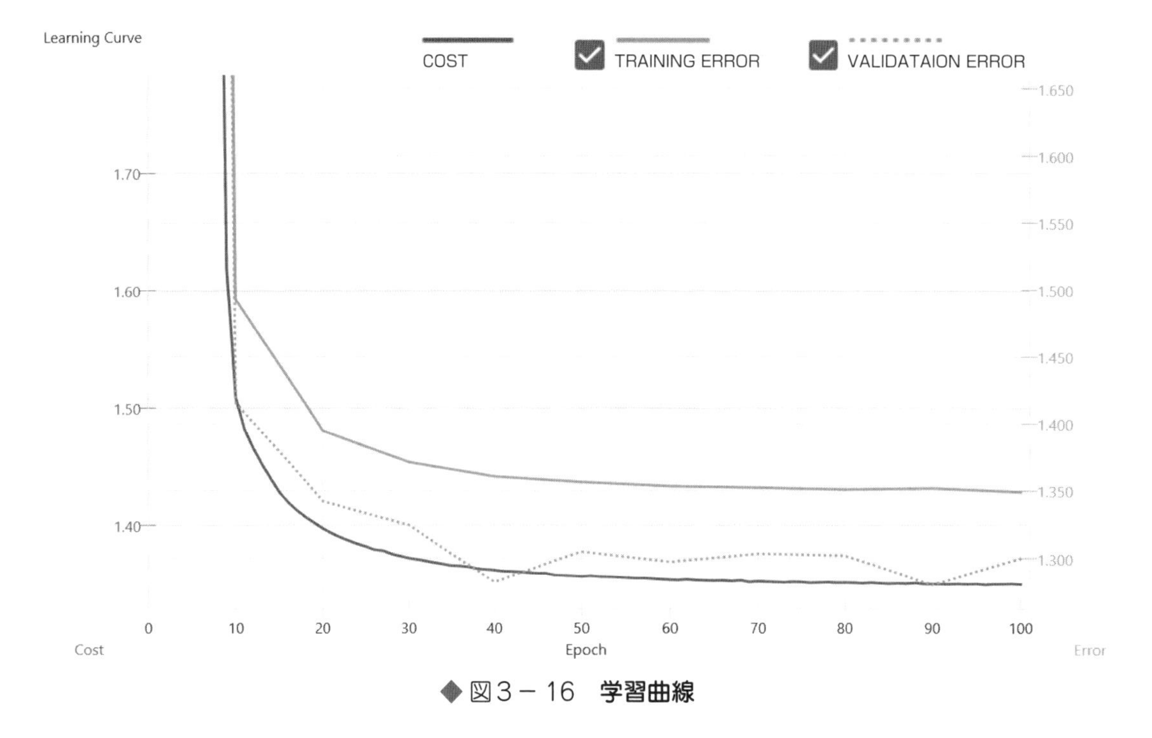

◆図3－16　**学習曲線**

グラフを縦方向に最大に拡大しました。少し誤差が大きい印象を受けませんか？
しかし、予想すべき数値が0, 2, 5, 10という大きな値です。だから、誤差に関しては、ある程度はあるのは当然で、この程度であれば問題ありません。

では、学習を終えたAIに、次の問題を与えます。

	A	B	C	D
1	x__0:kyoryo_before	x__1:kanyo_before	x__2:kanyo_now	y__0:kanyo_prison
2	0	0	0	0
3	1	0	0	0
4	0	1	0	0
5	1	1	0	0
6	0	0	1	0
7	1	0	1	0
8	0	1	1	0
9	1	1	1	0

◆図3－17　**寛容の立場での予測用データのCSV**

つまり、寛容さん視点で、どんな時に黙秘（アクション「1」）すれば、あるいは、自白（アクション「0」）すれば、懲役年数がどれだけになるか予測させます。
寛容、狭量共に20%の対戦で、1回のゲームでの選択にどんな意味があるかを分析したいのです。
では、DATASETのValidationを、このデータに取り換えて、Evaluationを実施します。
結果は次の通りです。

	A	B	C	D
1	x__0:kyoryo_before	x__1:kanyo_before	x__2:kanyo_now	AIの予測
2	0	0	0	5.00
3	1	0	0	6.11
4	0	1	0	0.25
5	1	1	0	-0.31
6	0	0	1	9.82
7	1	0	1	9.95
8	0	1	1	2.36
9	1	1	1	2.14

◆図3－18　**寛容の立場での予測結果のCSV**

単純計算で、

0：裏切った時の懲役の平均が2.8年

1：信頼した時の懲役の平均は6.1年

です。
数学的な予想との比較は後ほど行おうと思います。

今度はこれを、「狭量なしっぺ返し」戦略の立場でAIに推測させようと思います。
それは、先ほどの分析の、「寛容なしっぺ返し」戦略者と、「狭量なしっぺ返し」戦略者のデータを入れ替えただけですので、経過にそれほどの違いはありません。
上は「寛容なしっぺ返し」戦略者の行動と懲役年数のAIの予測結果でした。以下で挙げるのは、「狭量なしっぺ返し」戦略者版です。是非、見比べてみて下さい。

	A	B	C	D
1	x__0:kanyo_before	x__1:kyoryo_before	x__2:kyoryo_now	AIの推測
2	0	0	0	4.68
3	1	0	0	5.03
4	0	1	0	0.07
5	1	1	0	-0.18
6	0	0	1	8.75
7	1	0	1	9.71
8	0	1	1	1.69
9	1	1	1	2.06

◆図3－19　**狭量の立場での予測結果のCSV**

平均を表にまとめました。

	寛容なしっぺ返し	狭量なしっぺ返し
0：自白した場合の平均懲役年	**2.8**	**2.4**
1：黙秘した場合の平均懲役年	**6.1**	**5.6**

◆表3－9　**寛容vs狭量の平均刑期**

一見、差は小さいようですが、1度のアクション（自白か黙秘か）に対し、明確な差が現れました。

※前回の手がどういう確率で起こるかわからないので、厳密な平均を計算できません。だから、ここではすべて等確率で起きるとして、単純計算の平均を見ています。やや無理のある設定ではありますが、お許しください。

数学的な結果との比較

この推測では、本来は起きないパターンも含んでいることに気付かれた人もいると思います。例えば、前回が「寛容さん＝0：自白、狭量さん＝1：黙秘」のとき、必ず「寛容さん＝1：黙秘さん、狭量＝0：自白」となりますが、それ以外の絶対に起きないパターンでの結果もAIに予想させていることをお断りしておきます。

次ページの枠内では、補完解説として、数学的に求めた平均値を掲載します。少し高度な計算になりますので、過程などは省略しています。
適当に数字を見ていただきながら、最後の結論だけ見ていただければ十分です。

起きる・起きないを考慮して、数学的に平均を求めたらどうなるかを掲載しておきます。
まずは、前回の手から今回の手がどんな確率で起きるかを整理します。

	前回手		今回手	懲役年数	確率
寛容	0	↗↘	0	5	80%
狭量	0		0	5	
寛容	0	↗↘	1	10	20%
狭量	0		0	0	
寛容	0	↗↘	0	0	0%
狭量	0		1	10	
寛容	0	↗↘	1	2	0%
狭量	0		1	2	
寛容	1	↗↘	0	5	16%
狭量	0		0	5	
寛容	1	↗↘	1	10	4%
狭量	0		0	0	
寛容	1	↗↘	0	0	64%
狭量	0		1	10	
寛容	1	↗↘	1	2	16%
狭量	0		1	2	
寛容	0	↗↘	0	5	0%
狭量	1		0	5	
寛容	0	↗↘	1	10	100%
狭量	1		0	0	
寛容	0	↗↘	0	0	0%
狭量	1		1	10	
寛容	0		1	2	0%
狭量	1		1	2	

寛容	1	↘↗	0	5	0%
狭量	1		0	5	
寛容	1	↘↗	1	10	20%
狭量	1		0	0	
寛容	1	↘↗	0	0	0%
狭量	1		1	10	
寛容	1	↘↗	1	2	80%
狭量	1		1	2	

◆表3－10　**各状況推移が起こる確率**

この確率をもとに、数学的に懲役年数の平均を求めました。それをAIの予想と比較しています。

寛容さん、**狭量さん**の順に、次のような結果になりました。

寛容・前	狭量・前	**寛容**・今	AI	数学
0	0	0	5.00	5.0
0	0	1	9.82	10.0
1	0	0	0.25	1.0
1	0	1	2.36	3.6
0	1	0	6.11	
0	1	1	9.95	10.0
1	1	0	−0.31	
1	1	1	2.14	3.6

寛容・前	狭量・前	狭量・今	AI	数学
0	0	0	4.68	4.0
0	0	1	8.75	
1	0	0	5.03	4.0
1	0	1	9.71	8.4
0	1	0	0.07	0.0
0	1	1	1.69	
1	1	0	−0.18	0.0
1	1	1	2.06	2.0

◆表3－11　**数学的に求めた平均刑期**

以上が、戦略を知っている人が数学を使って行った分析と、ルールを知らないAIが数字の羅列から見抜いた法則の比較でした。

どういうルールで2人が対戦しているかを知らないAIくんですが、ルール的に起こりえるパターンについては、なかなかの精度で当てることができています。
この節の最初に述べた通り、ルール的には起こらないパターンについての予測もやってくれています。
その場合も含め「寛容・今」および「狭量・今」の2行ずつの太線内の「0:裏切り」、「1:信頼」のそれぞれのAIの推測した懲役年数を見ると、いつも「0:裏切り」が有利と予測しています。

考察

今回のシミュレーションと機械学習は、囚人のジレンマゲームの一部を扱い、複雑な問題、例えば、両者の多様な戦略や心理的な思惑といったものを無視した、機械的で単純なものです。
「囚人のジレンマ」の研究で名高い政治学者ロバート・アクセルロッドは、戦略を広く募集し、コンピューターで対戦させてみたら、「しっぺ返し」戦略が最も強いと結論し、その後、「寛容なしっぺ返し」戦略はもっと強いと発表したという話を何かで読みましたので、それなら「狭量なしっぺ返し」とどっちが強いのだろうかと思って、今回、それをやってみましたら、「寛容なしっぺ返し」を圧倒しました。
ただ、アクセルロッドが実際に行ったゲームの詳細が解りませんし、アクセルロッドは無限回バージョンで対戦させ、こちらは10000回とはいえ、有限回です。よって、確定的な比較はできませんが、やはり、「狭量なしっぺ返し」戦略と対戦すれば、「寛容なしっぺ返し」戦略は負けるのではないかと思います。
しかし、現実的には、複雑な駆け引き（囚人以外の者も含め）や、思考力、勘、そして、それよりも、弁護士の有能さが切り札になる可能性があります。
そもそもが悪い事をしないのが一番ですが（笑）。
ただ、本来、ゲーム理論は、経済活動の戦略のためのもので、もちろん、囚人のためのものではありません。
今回は利己主義が勝利したように思えますが、実際のゲーム理論は奥が深いものですし、また、現実の戦いがゲーム理論通りにいくとは限りません。
今回のものは、遊びというのではありませんが、あくまで機械学習の実験的な実践であり、ゲーム理論や、実際のビジネス戦略を何ら語るものではないことをお断りしておきます。

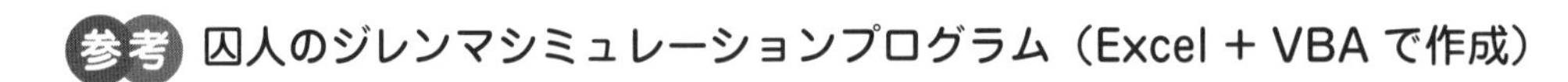

参考 囚人のジレンマシミュレーションプログラム（Excel + VBA で作成）

	A	B	C	D	E	F	G	H	I	J	K
1	ラウンド	寛容今回	狭量今回	寛容前回	狭量前回	寛容懲役	狭量懲役	乱数			
2	1	1	1	1	1	2	2	1696			
3	2	1	1	1	1	2	2	6756			
4	3	1	1	1	1	2	2	4372			
5	4	1	1	1	1	2	2	6663			
6	5	1	1	1	1	2	2	5966			
7	6	1	1	1	1	2	2	2853		ゲーム回数	10000
8	7	1	0	1	1	10	0	8240		寛容率	20
9	8	0	1	1	0	0	10	7820		狭量率	20
10	9	1	0	0	1	10	0	6323			
11	10	0	1	1	0	0	10	9029		成績	
12	11	1	0	0	1	10	0	8246		寛容懲役合計	48124
13	12	0	1	1	0	0	10	2619		狭量懲役合計	36954
14	13	1	0	0	1	10	0	6970			
15	14	0	1	1	0	0	10	2990			
16	15	1	0	0	1	10	0	4922			
17	16	0	1	1	0	0	10	9044			
18	17	1	0	0	1	10	0	1019		スタート	
19	18	0	1	1	0	0	10	4342			
20	19	1	0	0	1	10	0	206			
21	20	0	1	1	0	0	10	9758			
22	21	1	0	0	1	10	0	5485			
23	22	0	1	1	0	0	10	8637			
24	23	1	0	0	1	10	0	2444			
25	24	0	1	1	0	0	10	4452			
26	25	1	0	0	1	10	0	6291			
27	26	0	0	1	0	5	5	957			
28	27	1	0	0	0	10	0	9985			
29	28	0	1	1	0	0	10	3268			
30	29	1	0	0	1	10	0	6169			
31	30	0	0	1	0	5	5	3189			

◆ 図3－19　囚人のジレンマシミュレーションプログラムの操作画面イメージ

VBA コード

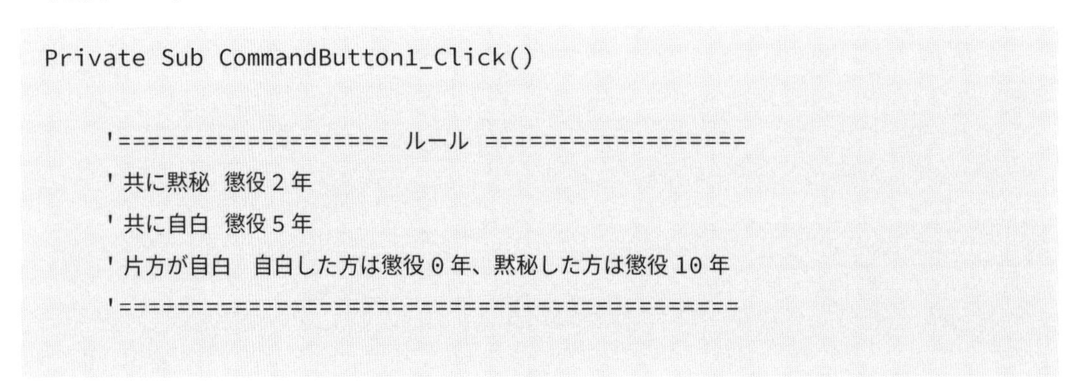

```
Private Sub CommandButton1_Click()

    '=================== ルール ===================
    ' 共に黙秘　懲役 2 年
    ' 共に自白　懲役 5 年
    ' 片方が自白　自白した方は懲役 0 年、黙秘した方は懲役 10 年
    '==============================================
```

```
Dim lng_ラウンド As Long

Dim int_寛容前回 As Integer
Dim int_狭量前回 As Integer

Dim int_寛容今回 As Integer
Dim int_狭量今回 As Integer

Dim lng_カウンター As Long
Dim lng_ゲーム回数 As Long

Dim int_寛容率 As Integer
Dim int_狭量率 As Integer

Dim int_発生確率 As Integer

lng_ゲーム回数 = Range("K7").Value
int_寛容率 = Range("K8").Value
int_狭量率 = Range("K9").Value

'画面クリア
Range(("A2"), ("H100000")) = ""
Range(("M2"), ("N100000")) = ""

Randomize   '乱数初期化

'------------------------------------------------------------
'   初回アクション
'   初回は、両者、相手を信用（黙秘）
'------------------------------------------------------------

'信用（黙秘）：1
'裏切（自白）：0

Range("A2").Value = 1   'ラウンド=1
```

```
Range("B2").Value = 1   '寛容初回
Range("C2").Value = 1   '狭量今回

Range("F2").Value = 2   '寛容懲役
Range("G2").Value = 2   '狭量懲役

Range("H2").Value = Int(Rnd * 10000)    '並べ替え用乱数0-9999

Range("D2").Value = 1   '寛容前回=寛容今回
Range("E2").Value = 1   '寛容前回=狭量今回

int_寛容前回 = 1
int_狭量前回 = 1

For lng_ラウンド = 2 To lng_ゲーム回数

    '***** 寛容の行動 *****
    If int_狭量前回 = 0 Then          '前回、狭量は裏切り（自白）

        int_発生確率 = Int((100 - 0 + 1) * Rnd + 0)     '0～100
        Range("M" & lng_ラウンド + 1).Value = int_発生確率

        If int_発生確率 < int_寛容率 Then
            '寛容率適用範囲だったので信用する（黙秘する）

            int_寛容今回 = 1         '許して信用する（黙秘）

        Else

            int_寛容今回 = 0         '普通にしっぺ返し。裏切る（自白）

        End If

    Else                               '前回、狭量は信用（黙秘）
```

```
        int_寛容今回 = 1                '普通に信用し返す（黙秘）

    End If

    '***** 狭量の行動 *****
    If int_寛容前回 = 1 Then            '前回、寛容は信用（黙秘）

        int_発生確率 = Int((100 - 0 + 1) * Rnd + 0)      '0～100
        Range("N" & lng_ラウンド + 1).Value = int_発生確率

        If int_発生確率 < int_狭量率 Then
                    '狭量率適用範囲だったので裏切る（自白する）

            int_狭量今回 = 0            '裏切って自白する

        Else

            int_狭量今回 = 1            '信頼し返す（黙秘）

        End If

    Else                                '前回、寛容は裏切った（自白）

        int_狭量今回 = 0                '普通にしっぺ返しで裏切る（自白）

    End If


   '今回結果書き込み
   Range("A" & lng_ラウンド + 1).Value = lng_ラウンド
   Range("B" & lng_ラウンド + 1).Value = int_寛容今回
   Range("C" & lng_ラウンド + 1).Value = int_狭量今回
   Range("D" & lng_ラウンド + 1).Value = int_寛容前回
   Range("E" & lng_ラウンド + 1).Value = int_狭量前回
```

```
    '↓並べ替え用乱数0-9999
    Range("H" & lng_ラウンド + 1).Value = Int(Rnd * 10000)

    '懲役計算
    If int_寛容今回 = 0 And int_狭量今回 = 0 Then
                '両者裏切り。両者5年

        Range("F" & lng_ラウンド + 1).Value = 5
        Range("G" & lng_ラウンド + 1).Value = 5

     ElseIf int_寛容今回 = 1 And int_狭量今回 = 1 Then
                '両者信頼。両者2年

        Range("F" & lng_ラウンド + 1).Value = 2
        Range("G" & lng_ラウンド + 1).Value = 2

     ElseIf int_寛容今回 = 1 And int_狭量今回 = 0 Then

        Range("F" & lng_ラウンド + 1).Value = 10
        Range("G" & lng_ラウンド + 1).Value = 0

     ElseIf int_寛容今回 = 0 And int_狭量今回 = 1 Then

        Range("F" & lng_ラウンド + 1).Value = 0
        Range("G" & lng_ラウンド + 1).Value = 10

     End If

     int_寛容前回 = int_寛容今回
     int_狭量前回 = int_狭量今回

Next
```

```
    '寛容懲役年
    Range("K12").Value = _
        WorksheetFunction.Sum(Range("F2", "F" & lng_ゲーム回数 + 1))

    '狭量懲役
    Range("K13").Value = _
        WorksheetFunction.Sum(Range("G2", "G" & lng_ゲーム回数 + 1))


End Sub
```

コラム5

プログラミングと音楽に学ぶ AIの一般化の鍵（Kay）

大変に価値あるものが、選ばれた一握りの者の手から皆のものになるというプロセスにおいて、AIが、コンピュータープログラミングや音楽とよく似た歴史を辿ろうとしているように思います。そして、興味深いことに、AIの場合は、音楽により近いのではないかと思います。それはマイナスの意味でありまして、このままでは、AIの素晴らしい恩恵を一般の人々が手に入れるために、全く無駄な時間が必要になってしまいかねず、それは普通に考えるよりずっと悪いことと思えるのです。
そうならないために、プログラミングや音楽の一般化の歴史に学ぼうと思います。

◆ かつてプログラミングは超特殊技能だった

初期のコンピューターは超高価な巨大な機械で、一般の人には縁のないものでした。
プログラミングをするにはコンピューターの仕組みを高度に理解している必要があり、プログラミングの方法も難しいものでした。
ところが、1950年代に、コンピューターにそれほど詳しくなくてもプログラミングができる、FORTRAN（フォートラン）やCOBOL（コボル）といったプログラミング言語が登場し、「もう誰でもプログラミングができる時代が来た」と言われたものでした。
しかし、それから半世紀以上も経つ中で、コンピューターは一般化し、「初心者でも簡単」と言われるプログラミング言語がいくつも現れましたが、今でもプログラミングができる人は、それほど多くはありません。確かに、個人でも、費用においては、プログラミングに取り組む負担は減りましたが（安価、あるいは、無料でプログラミングを始められる）、まだまだプログラミングは難しく、もっと簡単になれば良いのにと思います。

◆ AI開発の難しさ

2006年に、MIT（マサチューセッツ工科大学）メディアラボのミッチェル・レズニック教授が、マウスだけでプログラミングできる「ヴィジュアルプログラミング言語」Scratch（スクラッチ）を開発し、これが、現在、子供のプログラミング教育のスタンダードになっていると思います。

しかし、大人には、初心者に対しても、比較的易しいとは言われますが、JavaScript（ジャバスクリプト）やPython（パイソン）等の、プロも使うプログラミング言語の習得が薦められることが多いようです。けれども、それは一般の人には、現実的に言って、とても難しいと思います。
そして、AIは、プログラミング以上に難しいものだと思われているはずです。だって、AIを作るためには、高度なプログラミング能力と、加えて、数学が相当できることが必要と言うのですから。

◆どうすればAIが簡単になるか

現在は、ほとんどの人が、自分がAIを作るなど、想像もできないはずです。これは、1960年代以前のプログラミングと似た状況と思います。
AIブームの中、2018年の広辞苑にも載った「ディープラーニング（深層学習）」が重要なものだとは分かっても、次々に出版されるディープラーニングや、その基本形と言える機械学習のほとんどの本には、「Tensorflow やPyTorch 等の深層学習フレームワークを使い、Pythonでプログラミングする」ことでAIを作るやり方が書かれていますが、そんなことができる人が、いったいどれだけいるでしょうか？
「PyTorch（パイトーチ。Facebookが開発した深層学習フレームワーク）を使ってAIのプログラミングするのは簡単」という、それなりに信頼できる記述を見たことがありますが、それは、体操選手にとってバック転や鉄棒の大車輪が簡単だというようなものではないでしょうか？
ところで、Excelでしたら、大学生、あるいは、会社勤めをしている人の大半が使えるでしょうし、そうでなくても、その気になれば、おそらく誰でも、それほど苦労しなくても使えるようになるはずです。
Excel互換の無料ソフト（LibreOfficeのCalc等）もあります。
それなら、もし、Excelでデータを作ったり、加工したりできれば、後は、簡単な操作で機械学習やディープラーニングができるようになれば、AIが一般の人々のものになるのだと言えると思います。
そして、ソニーのNNC（Neural Network Console）が無償公開（Windowsアプリ版）されたことで、それが可能になるという希望を持てるようになったのです。

◆ 音楽について

音楽にクリエイターとして取り組むということについて、プログラミングやAIとよく似たところがあると感じます。
ピアノやヴァイオリン等の楽器を、人様に聴かせるほどの腕前で演奏できるなら賞賛の的になりますし、作曲ができるとなると、パンダでも見るような目で見てもらえるでしょう（極めて珍しいという意味です）。
それほど、音楽は特別な人だけができるもののように思われているのです。
音楽家になるには、幼い時からピアノを始めとする楽器を習い、良い環境で長く訓練しなければならず、それには家庭的にも恵まれていることが必要ですので、音楽は、才能においても、育ちにおいても、幸運な一部の人だけができるものだということが常識化しているように思います。
まして、オーケストラ音楽に、演奏なり作曲なりで関わる人となると、雲の上の存在のように思われているかもしれません。
ところが、1960年代にアメリカでシンセサイザーが発明され、それが進歩・普及した結果、オーケストラ音楽ですら、小さな部屋の中で作ることができるようになりました。
世界的音楽家で、1970年頃に、当時一千万円もしたモーグ・シンセサイザーを個人輸入し、シンセサイザーの世界的ヒットアルバムを数多く制作した冨田勲氏（2016年没）の1986年の著書『シンセサイザーと宇宙（岩波ブックレット）』には、「現在のシンセサイザーは、ストラディバリウス（超高価な高級弦楽器。主にヴァイオリン）の音も正確に再現できる」と書かれています。
そして、冨田氏の時代には、高価な上、使い方が難しかったシンセサイザーも、どんどん安価に、そして、簡単になっていき、さらに、パソコンをシンセサイザーにするソフトも作られ、安価、あるいは、無料で使えます。
それがどういうことかと言いますと、かつて王侯貴族でもなければ所有できなかったオーケストラ、そして、超高価な楽器を誰でも持てるようになったということです。
そんな中で、音楽に縁がなかった人達の中にも、果敢にパソコンとシンンセサイザーソフトで音楽にチャレンジする人が現れ、その結果、「なんだ。音楽って、そんなに難しくないじゃないか」と分かってきました。しかし、今はまだ、特に日本ではそうだと思いますが、「音楽は難しい」という思い込みや、偏見かもしれませんが音楽を嫌いにしてしまう学校の音楽教育の影響で、自主的に音楽に取り組む人はあまり多くはないと思います。

◆ ボーカロイド

　ところで、普通の人が音楽をやる場合、歌うことが最も身近に感じられるのではないでしょうか。
それなら自分で歌えば良いのですが、残念ながら、他人に聴かせるほどには歌が上手くないことがほとんどでしょう。
では、シンセサイザーが歌ってくれないものでしょうか？
これに関しては、上述しました冨田勲氏が、シンセサイザーを初めて入手した時に試しています。
1974年の冨田氏の世界的にヒットしたアルバム『月の光』(US盤タイトル；Snowflakes Are Dancing) の中で、シンセサイザーに、ぱ行（ぱぴぷぺぽ）の声に似せて演奏させた部分があり、まるで変なロボットの歌声のようで、とても愉快ですが、本物の人間の歌声とは程遠いものでした。
歌声の合成は、楽器や自然音等の合成に比べ、非常に難しいことを研究者が説明した文書を見たこともありますが、実際、シンセイザーがどれほど進歩しても、まるで実現できそうにありませんでした。
ところが、2003年にヤマハがVOCALOID（ボーカロイド[※1]）という歌声合成技術を開発し、これを使ってソフトウェアに歌わせることができるようになりました。
そして、北海道にあるクリプトン・フューチャー・メディアという、音源コンテンツを専門に扱う会社が、このVOCALOID技術を使い、日本で最初の歌声合成ソフト（以下「ボーカロイドソフト」と言います）であるMEIKO（女性ボーカル）やKAITO（男性ボーカル）を開発して、これが好評を得、動画投稿サイトの登場もあって、広く知られるようになりました。
操作も簡単で、ついに、ボーカルも誰でも得られる時代の幕開けとなりました。
そして、2007年に、ヤマハはより高性能なVOCALOID2システムを発表し、これを使ったボーカロイドソフトで、後に世界中から愛される電子の歌姫、初音ミクが、やはり、クリプトン・フューチャー・メディアから、同年8月31日に発売されました。
2019年8月現在、初音ミクはVOCALOID4に対応しており、
日本語だけでなく、英語、中国語で歌うこともできます。

※1「VOCALOID(ボーカロイド)」ならびに
「ボカロ」はヤマハ株式会社の登録商標です。

ところで、初音ミクは、歌だけでなくキャラクターとしての人気も高まり、沢山のイラストが描かれ、また、簡単に、初音ミクが躍る3Dアニメを作ることができるソフトウェアであるMMD（MikuMikuDance）を開発者が無償公開し、さらに、MMDのための精巧で美しい初音ミクの3Dモデルが種々作られて、その大半は無償公開され、それによって、3Dのミュージックビデオが次々に制作されました。そういった沢山の人々の創作活動を強力に推進させることになった、「著作権者が定めたいくつかの条件を守れば、許可を得なくても著作物を利用できる」クリエイティブ・コモンズ・ライセンスと似た（あるいは発展させた部分もある）ルールをクリプトン・フューチャー・メディアが作成して、初音ミクらのキャラクターに採用し、さらに、クリエイター達にも、それを自分の作品に適用することを推奨しました。その結果、初音ミクを中心に、共鳴し合う創造の大爆発が起こります。
初音ミクの活動は年々拡大し、日本武道館や幕張メッセ等の大規模会場でのライブ、アメリカ、中国、インドネシア、マレーシア、ヨーロッパの大会場でのライブ、冨田勲氏の交響曲での歌唱、さらには、本格的なオペラや歌舞伎にも出演しています。
初音ミク等のボーカロイドソフトのおかげで、世に出ることができたミュージシャンも沢山いますし、その中には大変な才能があり、極めて成功した人もいるのですが、彼らですら、もし、ボーカロイドソフトがなければ、デビューすらできず、埋もれてしまった可能性もあるのではないかと思います。

また、楽器を弾けないプロの音楽家も出て来て、シンセサイザーやボーカロイドソフトで音楽を作るために、必ずしも楽器の演奏ができなければならない訳ではないことが証明されました。こうして、ますます音楽が一般の人のものになったと思います。
このように、音楽は、まだまだ始まったばかりかもしれませんが、一部の人達のものではなくなり、誰でもできるようになってきました。
AIの重要性を考えれば、AIも、早くそのようにならなければなりません。
NNCは、AIのシンセサイザー、ボーカロイドソフトと言えるのではないかと私は思います。
もちろん、Tensorflow（Google）や PyTorch（Facebook）、あるいは、その他の優れた深層学習フレームワークが無償で公開されたことは、画期的でとても素晴らしいことだと思います。
しかし、それだけでは、一般の人達にはまだまだハードルが高過ぎるのです。

◆なぜ一般化しなければならないか

なぜ、誰もがAIを作ることができるようにならないといけないのでしょうか？
プログラミングの世界では、少なくとも向いている人が努力さえすれば、誰でもプログラミングができるようになり、一般の人達の中からソフトを作る人が沢山出て来ましたし、プロになる人も少なくありません。筆者もその1人です。

プログラマーのすそ野が広がれば、自然、優秀な人も現れますし、沢山の優れたソフトも出て来る訳です。
音楽では、初音ミクに魅了された人が、初音ミクに歌ってもらうために、情熱を傾けて曲を作り、そして、先程も述べた通り、自分の曲をオープンにし、他の人が誰でも無償で利用することを許すという、プログラムのオープンソースのようなことも起こっています。
そのような仕組みを作った、クリプトン・フューチャー・メディア社長の伊藤博之氏の講演会に筆者も行ったことがありますが、伊藤氏は、若者向けコンテンツの仕掛け人というよりは、IT 経済の専門家、インターネット時代の創造的リーダーと考えられていると思います。
ところで、伊藤氏の講演会では、小学生から高校生の女の子達と社長さん達が平等に席に着き、両方の人達が伊藤氏に質問し、伊藤氏はどちらにも真面目に答えておられました。このような公平で Freely（自由で囚われない）な雰囲気も、創造的な未来を暗示する初音ミク文化の特徴になっているように感じます。
伊藤氏は、2013 年に、日本文化を海外に広く発信した功績で、異例の若さで藍綬褒章を授章していますが、それからも、初音ミクが起こした創造の連鎖は様々な形で世界に広がっていっているのだと思います。
2018 年の日仏友好 160 周年を記念する大イベント「ジャポニスム 2018」では、安倍総理が早くからアナウンスしていた通り、初音ミクは、パリの超近代的な大劇場で、ライブコンサートを行い、ミクの来訪を強く待ち望んでいた大勢のフランスのファンを熱狂させました。
これら全てが、電子音楽技術とオープン化による、音楽の一般化がもたらした成果と思います。

◆ AI の一般化へ

　プログラミングや音楽で起こったことが AI でも起これればどうなるでしょうか？
現在、大国の政府、そして、GAFMA（Google、Apple、Facebook、Microsoft、Amazon）に代表される巨大 IT 企業は、主に、政治的、軍事的、経済的な目的で AI の研究開発に全力を注ぎ、一般の人が知らないことも含め驚くべき成果を上げています。
そして、最初に人間を超える AI を得た者が、全てを握るとも言われ、その競争は熾烈です。
その中で、無知な大衆は、政府や巨大 IT 企業に AI で管理され、プライバシーを丸裸にされて支配される状況になりつつあります。
それに対抗するには、一般の人々も AI を創造的に使うことで、AI を理解し、AI に対する無用な抵抗や恐れをなくすことが重要と思います。
同時に AI は極めて強力な予測マシンであり、その恩恵を全ての企業や人が受けるべきであると思います。

巨大IT企業だって、AI分野でライバルに勝つには多くの支持が必要だから、Googleも、IBMも、Microsoftも、Facebookも、自社の深層学習フレームワークを無償公開したのだと考えられます。しかし、「AIの開発は深層学習フレームワークを使って、Pythonでプログラミングする。それには、線形代数や偏微分等の数学の学力が必須。さらにはGPUなどハードにも強く」では、普通の人には全く手も足も出ません。
普通の人々が、AIは難しいと思い込んでいる方が、音楽の場合も同様ですが、都合の良い人達も多いはずですが、AIだって、音楽やプログラミングのように、普通の人でもできるもので、ただ、これまでは適度なツールや環境がなかっただけです。
ビル・ゲイツやスティーブ・ジョブズが、コンピューターを全ての人々のものにし、初音ミクが「あなたの歌姫※2」になってくれたようなことがAIにも起こる必要があります。
その中で、ソニーがNNCを無償で公開してくれたことは、非常に素晴らしいことだと思います。そして、多くの人がこれを使ってAIの素晴らしさを実感し、さらにAIに親しみ、応用できるようになれば希望が持てる明るい未来に進む道が見つかるかもしれません。
本書が、そのきっかけになれば幸いです。

※2　azuma氏による（作詞・作曲・編曲）初音ミクの楽曲。

◆知性とは何か？

AIの発達によって、改めて「知性とは何か？」が問われてきています。
そこで、1つの例に過ぎませんが、過去、現在、そして、未来において、知性をどのように考えてきたか、考えているか、そして、考えるようになるかを示したいと思います。大体の感じで見ていただければ幸いです。

知性バージョン	知性の特徴
1.0 ～2000 頃	知的認識において、自分と他人は別のもの 知識・ノウハウ・利権を独占することが重要 マスメディアの時代（情報は「1 →多」の一方通行） エリートの支配 知性は個の脳
2.0 2000 頃～2015 頃	SNS の時代（多対多の対話） インフルエンサーの支配 ビッグデータの時代 知性は脳＋検索エンジン
3.0 2015 頃～2020 頃	知的認識において、自分と他人が一体（共感の時代） 人間と AI は別のもの 知性は脳＋ AI クリエイティブ・コモンズの普及（知識・ノウハウの共有） ビッグデータと AI の時代 AI は GAFMA や国家が管理
4.0 2020 頃？～	知的認識において、人間と AI は一体 知性は人間と AI を含むネットワーク全体 人間と AI の共感 AI を誰も管理しない（あるいは皆で管理）

◆表3－12　**知性とは何か？**

AI が脅威になるとすれば、国家か GAFMA かを問わず、一部の者が支配下に置く場合です。
その失敗例が原子力だと言えば分かり易いと思います。
AI を例えば仮想通貨のように、特定の者が管理せず、全員が管理するようにすれば、AI は人間の味方になってくれる可能性が高いのだと思います。
そのためには、自分で AI を作るのが一番です。ただの知識は灰色ですが、経験は生きているからです。
だから、AI を誰もが作ることができることが必要なのだと思います。
ソニーには、人類の未来のために、今後も NNC の公開継続と、さらなるバージョンアップを期待したいと思います。

あとがき

いかがでしたか？　AIと仲良くなれそうでしょうか？

データを整理するのは大変ですが、データさえ揃えば、予測マシンとしてのAIを作ることはそれほど難しくはないのです。
目の前の課題を、予測で解ける問題に再構築する力の重要性も伝わったでしょうか？

汎用性の高いネットワークモデルもいくつか紹介しましたから、ぜひ、使ってみてください。
一部では煩雑なものも使いましたが、シンプル・イズ・ベストを目指したつもりです。
いくつかはシミュレーション結果を使ってAIに予測をさせました。そこではVBAを利用してプログラムを作りました。その大半を公開しますので、ご自由に遊んでみてください。
技術評論社のサイト

https://gihyo.jp/book/2020/978-4-297-11276-9

をご覧ください。
また、2人のブログも紹介しておきます。

Kay
「ITスペシャリストが語る芸術」　www.kaynotes.com/

Mr. ø
「Mr. øの数学と古美術」　www.phi-math.com/

せっかく数学とプログラミングを専門とする2人が手を組んだので、それぞれの専門分野と絡めた内容もたくさん入れました。その点で普通のAI入門書とは趣が違ったものになりました。マニアックな内容になってしまった部分もあり、少し反省していますが、お楽しみいただけたでしょうか？
我々がそうであったように、読者諸賢におかれましても、それぞれの専門分野とAIがどう絡むかという視点を持っていただき、AIを自分用にカスタマイズしてもらえたら良いかと思います。

何を予測させたいか
どういうデータから予測できそうか

という観点が重要です。
人の勘が働くものであれば、だいたい予測可能だろうと直観しています。予測に使うデータを精査するときは、人が判断するために使う要素だけにこだわらないこともポイントになると思います。
実際に作ってみると、「何だか分からないけれど、なぜか上手くいった」という経験をしてもらえると思います。実際、現在のAI理論でも「なぜか分からないが上手くいっている」という部分があるようです。理論的に解明することも学問としては重要ですが、我々ユーザーにとっては、気にする必要はありません。
どれだけ仲が良くても相手の思考は完璧には理解できないのと同じかもしれません。

このような、本書の執筆を通じて筆者たちが感じたことを、できるだけ赤裸々に伝えてきました。これが読者諸賢の参考になるものと信じております。
皆さんの代わりに色々と失敗しておきました（笑）。
「正しいことだけを教えても実践力は身に付かない」という指導ポリシーをもつ数学講師のこだわりにより、恥ずかしい失敗もすべて書きました。
皆さんも色々と失敗を積み重ねて、AIと触れ合ってみてください。
どれだけ失敗してもAIくんはあなたを見捨てたりしません。

充実したAIライフを送ってください。

Kay（プログラマー・ブロガー）
&
Mr. ϕ（数学講師）

参考文献

■ 全編

[1]『ソニー開発のNeural Network Console入門「数式なし、コーディングなしのディープラーニング」』, 足立悠（著）, リックテレコム (2018/2/5)

[2]『ソニー開発のNeural Network Console入門【増補改訂・クラウド対応版】「数式なし、コーディングなしのディープラーニング」』, 足立 悠（著）, ソニー株式会社（監修）, ソニーネットワークコミュニケーションズ株式会社（監修）, リックテレコム；増補改訂・クラウド対応版 (2018/11/14)

[3]『はじめての「SonyNNC」』(I・O BOOKS), 柴田良一（著）, 工学社 (2019/8/1)

■ 第3章 有名問題にAIで挑む！

3－1．モンティ・ホール問題

[4]『モンティ・ホール問題 テレビ番組から生まれた史上最も議論を呼んだ確率問題の紹介と解説』, ジェイソン・ローゼンハウス（著）, 松浦俊輔（翻訳）, 青土社 (2013/12/18)

3－2．囚人のジレンマ

[5]『残酷すぎる成功法則 9割まちがえる「その常識」を科学する』, エリック・バーカー（著）, 橘玲（監修, 翻訳）, 竹中てる実（翻訳）, 飛鳥新社 (2017/10/25)
※第２章「いい人」は成功できない？（信頼と裏切りのゲーム理論）

コラム５．プログラミングと音楽に学ぶAIの一般化の鍵（Kay）

[6]『情報処理2012年05月号別刷「《特集》CGMの現在と未来：初音ミク, ニコニコ動画, ピアプロの切り拓いた世界」』,
一般社団法人情報処理学会（著）, 情報処理学会 (2012/4/27)
※３「初音ミク as an interface」

[7]『初音ミクはなぜ世界を変えたのか？』, 柴那典（著）, 太田出版 (2014/4/3)

○ Neural Network Consoleはソニー株式会社が開発し、ソニーネットワークコミュニケーションズが提供するディープラーニング・ツールです。

○ Windows、Excel、Access は、米国 Microsoft Corporation の米国およびその他の国における登録商標です。

○「VOCALOID（ボーカロイド）」ならびに「ボカロ」はヤマハ株式会社の登録商標です。

○「初音ミク」は、クリプトン・フューチャー・メディア株式会社が開発、販売する音声合成デスクトップアプリケーションです。

Memo

楽(たの)しいAI(えーあい)体験(たいけん)から始(はじ)める機械学習(きかいがくしゅう)
〜算数(さんすう)・数学(すうがく)をやらせてみたら〜

2020年5月23日　　初 版 第1刷発行

著　者　Kay(けい), Mr.Φ(みすたーふぁい)
発行者　片岡　巖
発行所　株式会社技術評論社
東京都新宿区市谷左内町21-13
電話　03-3513-6150　販売促進部
03-3267-2270　書籍編集部
印刷／製本　図書印刷株式会社

定価はカバーに表示してあります。

装丁、本文デザイン、DTP、イラスト●オフィスsawa

ISBN978-4-297-11276-9　C3055

Printed in Japan